风力发电机组控制技术

邓秋玲　刘　婷　王家堡　龙　辛　编著

电子工业出版社·

Publishing House of Electronics Industry

北京 · BEIJING

内 容 简 介

本书共分 9 章，主要针对目前两种主流风力发电系统——直驱永磁同步风力发电系统和双馈异步风力发电系统，在正常运行和电网故障时的工作原理、控制策略进行研究和探讨。本书系统介绍从风能的捕获到风电并网整个过程中风力发电机组的运行与控制技术，包括风力发电系统的组成、类型，风力发电系统中的电力电子装置和风力发电技术发展趋势；研究风力发电机组的功率控制策略，两种风力发电系统的工作原理与控制策略，以及提高风力发电机组低电压穿越能力的措施；还探讨了风力发电机组在电网故障时的运行与控制策略，提出提高风力发电系统故障容错能力的措施。

本书可作为从事风力发电机组的研发、运行和管理的研究人员、技术人员的参考书，同时可供高等院校电气工程专业的师生阅读，也可作为电气工程和能源工程专业的研究生教材。

图书在版编目（CIP）数据

风力发电机组控制技术 / 邓秋玲等编著. —北京：电子工业出版社，2021.12

ISBN 978-7-121-42544-8

Ⅰ．①风…　Ⅱ．①邓…　Ⅲ．①风力发电机－发电机组－控制系统　Ⅳ．①TM315

中国版本图书馆 CIP 数据核字（2021）第 260774 号

责任编辑：曲　昕　　文字编辑：苏颖杰
印　　刷：三河市华成印务有限公司
装　　订：三河市华成印务有限公司
出版发行：电子工业出版社
　　　　　北京市海淀区万寿路 173 信箱　　邮编：100036
开　　本：787×1 092　　1/16　　印张：11.5　　字数：255 千字
版　　次：2021 年 12 月第 1 版
印　　次：2021 年 12 月第 1 次印刷
定　　价：75.00 元

前　言

　　用传统的化石燃料来获得能量是使全球气候变暖和环境恶化的主要因素之一。随着经济的快速发展，能源的消耗逐年增加，常规能源面临日益枯竭的窘境，迫切需要可再生能源。风能是可再生能源中最清洁、最安全的一种。风力发电技术相对于太阳能、海洋能、地热能、生物质能等可再生能源的发电技术更为成熟，成本更低，对环境的影响更小，也更具规模和商业开发条件，在电力系统中扮演着越来越重要的角色。德联邦统计局数据显示，2020 年德国风力发电总量较 2019 年增长了 5.4%，达到 25.6%，而煤炭发电的比重同比下降了 21.5%，仅为 24.8%，风力发电首次超过了燃煤电厂提供的电力。根据芬兰风能协会的数据，目前芬兰国内规划的风电项目容量达 18.5GW，建设中的有 2.19GW。芬兰政府计划在 2035 年成为全球首个不使用化石能源的国家。从更大范围看，欧洲目前拥有超过 20GW 风电容量，并计划到 2050 年扩大 10 倍以上。

　　在世界范围内，风力发电技术快速发展，风力发电机组安装容量迅猛增长，出现了各种各样的风力发电机组，现代风力发电机组/风电场的容量也在不断增加。使用变速恒频风轮能在较宽的风速范围内捕获更多的风能，因而是目前主要的风力发电方案。目前，主要的两种变速恒频风力发电系统是直驱永磁同步（简称"直驱"）风力发电系统和双馈异步（简称"双馈"）风力发电系统。这两种发电系统都需要使用电力电子系统作为并网接口，通常使用双 PWM 变换器，可以对无功功率、有功功率进行解耦和单独控制，对电网可起到稳压、稳频的作用，可改善逆变器输出的电能质量。与直驱风力发电系统相比，双馈风力发电系统具有变换器装置容量小、发电机质量轻的优点，但是不可避免地要采用齿轮箱和电刷装置，降低了系统的效率和可靠性。直驱风力发电系统没有较易出故障的齿轮箱，发电机采用永磁体励磁，省去了励磁绕组，实现了发电机的无刷化，降低了发电机的铜耗，提高了系统的效率和可靠性，但是增加了发电机的体积和质量，并且需要采用全功率变换器，与同容量双馈风力发电系统相比，变换器的容量提高了约两倍。然而，全功率变换器实现了发电机和电网的解耦，降低了风力发电机组对电网故障的敏感性，从而提高了风力发电系统的低电压穿越能力。因此，在海上风力发电应用领域中，直驱风力发电系统相对于双馈风力发电系统有较大的优势，得到了广泛的应用。随着直驱风力发电机容量的增加，其体积和质量也在增加，这给运输和安装带来了困难，因此，大多数风力发电厂家采用了折中的方案，即采用增加一级齿轮箱的半直驱方式。

　　由于风能能量密度小、稳定性差、不能储存，因此风力发电比水力发电困难得多，在风力发电过程中存在许多关键技术。风力发电系统的两个核心是：风能的最大捕获以提高风能转换效率，以及改善电能质量。风力发电系统综合了空气动力学、机械学、电机学、电力电子技术、电力系统分析、控制理论、智能控制技术、计算机技术、微电子技术等众多学科，是一个错综复杂的系统，其控制系统也相当复杂。整个风力发电机组的控制主要包括两大部分，即风轮机的桨距角控制系统和双 PWM 变换器控制系统，通过这两个系统的协调控制，可实现在额定风速下的最大功率点跟踪运行和在高风速下的功率极限控制。

随着相关技术的发展，可再生能源发电并网容量不断增大，电力系统对并入电网的风力发电机组提出了更高的要求，如要求并网的风力发电机组除要满足并网的要求外，还要具有低电压穿越能力，即在电网出现故障时，风力发电机组不仅不能从电网中脱离，还要向电网提供无功功率支持，以帮助恢复电网电压。为了能够在电网故障时对流向电网的功率进行控制，对故障电压基波的正、负序分量进行快速而准确的检测是必要的，电网的同步锁相技术是低电压穿越技术研究中的一个重要方面。从电网的安全角度考虑，不仅要求风力发电机组能在机组故障和电网故障时持续运行而不退出电网，而且从可靠性和运行效率、维护成本上考虑，对风力发电机组的故障诊断和故障容错能力都提出了很高的要求，而故障诊断是故障容错的前提。

本书共分 9 章，主要针对目前两种主流风力发电系统—直驱风力发电系统和双馈风力发电系统，在正常运行和电网故障时的工作原理和控制策略进行研究和探讨。本书系统介绍从风能的捕获到风电并网整个过程中风力发电机组的运行与控制技术。第 1 章主要介绍风力发电系统的组成、类型，风力发电系统中的电力电子装置和风力发电技术发展趋势。第 2 章从风轮机的能量转换过程出发，介绍风轮机的功率特性，分析风轮机从风中捕获最大风能的工作原理，阐述风力发电机组的功率控制策略，最后较详细地介绍了几种最大功率点跟踪算法，为风力发电系统变换器控制策略做好铺垫。第 3 章从永磁同步发电机和功率变换器的数学模型出发，探讨直驱风力发电系统在正常运行条件下的工作原理与控制策略。第 4 章从双馈风力发电机的功率特性出发，主要探讨双馈风力发电系统中发电机侧变换器的控制策略。第 5 章讨论风力发电机组的并网技术，探讨提高风力发电机组低电压穿越能力的措施。第 6 章研究网侧变换器的同步化方法，为风力发电机组在电网故障时的运行提供同步锁相技术。第 7 章主要研究直驱风力发电系统在电网故障时的运行与控制策略。第 8 章主要研究双馈风力发电系统中风轮的两种控制策略，并对风轮控制中的转速控制器和功率控制器进行了设计。第 9 章介绍故障诊断的概念和故障容错的基本理论，分析风力发电系统中的常见故障和故障诊断技术，最后提出提高风力发电系统故障容错能力的措施。

为了便于读者对照学习，本书中采用 MATLAB 软件绘制的系统图和仿真图均使用原图，未做处理，特此说明。

湖南工程学院邓秋玲教授负责本书 1~8 章的编著，刘婷博士负责第 9 章的编著和本书的文字校对工作，王家堡博士负责部分图表绘制。湘电风能公司龙辛副总经理负责第 1 章和第 2 章的审稿，并提供书稿中部分工程素材。研究生廖宇琦和艾文豪参与图表绘制和校对。

本书相关的基础研究工作获得了国家自然科学基金项目（51875193）、湖南省研究生优质课程建设项目和湖南省教育厅科研项目(18K092)的资助。本书的撰写得到了湖南大学黄守道教授的悉心指导和全力支持，在此表示衷心的感谢！宜兴电机有限公司余冰副总工程师仔细审阅了第 1 章，提出了宝贵的意见，在此向她表示衷心的感谢！本书在撰写过程中，参考了大量的相关文献，在此对所有相关作者表示衷心的感谢！

由于时间和水平有限，书中难免存在许多不足，恳请广大读者批评指正。

编著者

2021 年 10 月

目　录

第1章 绪论

1.1 风力发电概况

1.1.1 外国风力发电现状及展望

用传统化石能源来获得能量是使全球气候变暖和环境恶化的主要因素之一。另外，随着经济的快速发展，能源的消耗逐年增加，常规能源资源面临日益枯竭的窘境，迫切需要清洁、无污染的可再生新能源。于是，用自然能源，如太阳能、地热能、风能等发电被提出来，而风能是最清洁、最安全的一种可再生能源。风力发电技术相对于太阳能、海洋能、地热能、生物质能等可再生能源发电技术更为成熟，成本更低，对环境破坏更小，也更具规模和商业开发条件，且经济可行性较高，因而越来越受到世界各国的重视。许多大型风力发电系统与传统电力系统并网，风电在电力系统中扮演着越来越重要的角色。

彭博新能源财经发布的数据显示，2020年全球风电新增装机容量为96.3GW，相较于2019年增长了59%。2020年德国绿色电能产量创下纪录，可再生能源在总的能源市场中的比重也达到有史以来最高值。德国联邦统计局数据显示，2020年德国风力发电总量较2019年增长了5.4%，达到25.6%，而煤炭发电的比重同比下降了21.5%，仅为24.8%，风力发电首次超过了燃煤电厂提供的电力。风能已经成为德国最重要的电力来源。芬兰可再生能源产业发展迅猛。根据芬兰风能协会的数据，目前芬兰国内规划的风电项目容量达18.5GW，建设中的有2.19GW，政府计划在2035年成为全球首个不使用化石能源的国家。从更大范围看，欧洲目前拥有超过20 GW风电容量，并计划到2050年扩大10倍以上。

由此可见，可再生能源的重要性日益凸显，而海上风电是能源结构转型的重要战略支撑。截至2019年年底，全球海上风电累计并网容量接近30GW，虽仅占总发电量的0.3%，但是这种情况正在改变，因为海上风力发电有着无可匹敌的巨大潜力。根据国际能源机构的预测数据，海上风能将在未来为人类提供全球电力需求电量的18倍。该机构同时还预测，到2040年，海上风力发电将成为价值上万亿美元的产业，并以每年13%的增长速度快速发展。从全球来看，海上风电已经进入大规模发展阶段。美国也正在大力发展海上风电项目，计划在2030年容量达到30GW。德国电网局长约亨·霍曼（Jochen Homann）表示，到2030年，德国将实现海上风电总容量达到20GW的扩展目标。

在世界范围内，风力发电技术快速发展，风轮机安装容量显著增长，出现了各种各样的风轮发电机，现代风轮、风电电场的容量在不断增加。例如，西门子歌美飒（Siemens Gamesa）完成了第一个B108叶片的制造，这款叶片采用西门子歌美飒独特的IntegralBlade®

叶片技术，一体**灌注**成型，消除了典型结构叶片前、后沿粘接缝的薄弱区域，具有较高的强度和可靠性。此款叶片将安装在丹麦 sterild 风轮机测试中心的 SG 14-222 DD 试验样机上，使用它的最大容量风轮机可将功率提升到 15MW，叶轮直径达 222m，扫风面积达 39000m^2，年发电量比目前商业化运营的西门子歌美飒最大机组 SG 11.0-200 DD 的还要高 25%左右。

1.1.2　中国风力发电现状及展望

中国风能资源比较丰富，据中国气象科学研究院估算，全国平均风功率密度为 100W/m^2，风能资源总储量约为 32.26 亿千瓦，可开发和利用的陆上风能储量有 2.53 亿千瓦（依据陆地上离地 10m 高度资料计算）、海上风能储量有 7.5 亿千瓦，比地球上可开发利用的水能总量还要多 10 倍。

2020 年我国风电新增容量高达 57.8GW。其中，陆上风电新增 53.8GW，同比增长高达 105%；海上风电新增 4GW，同比增长 47%。我国海上风电累计装机容量约为 900 万千瓦。全国发电装机容量也从 2015 年年底的 15 亿千瓦增长到 2020 年年底的 22 亿千瓦，年均增长 7.6%，高于"2020 年全国发电装机容量 20 亿千瓦，年均增长 5.5%"的规划目标。

海上风电潜力巨大，我国在"十四五"期间的海上风电装机容量预计将迎来"大爆发"，海上风电集中成片"蓄势待发"，广东、江苏、浙江等多个沿海省份的海上风电规划已陆续出台。数据显示，未来 5 年内我国海上风电装机容量将突破 30GW。由广东省能源集团有限公司投资的珠海金湾海上风电场（粤港澳大湾区建设规模最大的海上风电项目），总装机容量为 300MW，共计安装 55 台单机容量为 5.5MW 的国产抗台风型海上风力发电机组，配套建设了一座陆上集控中心和海上升压站。2021 年 4 月 2 日，随着最后一根海缆的铺设、调试完工，风电场全部 55 台明阳智能 MySE5.5MW 抗台风型半直驱海上机组实现全容量并网投产，成为粤港澳大湾区首个实现全容量并网的大容量海上风电项目。该风轮机产品技术和装备核心关键部件国产化率达 95%以上，可有效抵御 17 级台风的袭击，预计每年可提供清洁电能近 8 亿千瓦时，可满足近 300 万珠海市居民一年的生活用电需求。与同等规模燃煤电厂相比，该项目每年可节约标准煤 22.96 万吨、减排二氧化碳 45.63 万吨，对推动粤港澳大湾区能源结构转型升级、加快实现"碳达峰"和"碳中和"目标具有积极意义。

与同类型风电场相比，该项目尤其注重风电场的高效智能运行，选用了新型可靠的国产半直驱抗台风型大型海上风力发电机组，在提高风电场经济性的同时降低了资源消耗；搭建了一体化智能监控和管理信息平台，可实现全过程海陆多终端在线监控和管理；同时，还首创了海上风电智慧安全一体化管理系统，将智慧调度系统和安全管理模块合二为一，打造了安全建设管理新平台。

海上风电行业迅猛发展的背后，也不断有隐忧浮现，面临着运输、吊装、运维等多方面难题，风力发电机组本身及其运维技术的可靠性都还需要更长时间的验证。

1.2　风力发电机组的基本组成

水平轴独立运行的风力发电机组由风轮、尾舵、发电机、支架、电缆、充电器、逆变器、蓄电池等组成。并网运行的发电机组由风轮（包括叶片和轮毂）、主轴、偏航电动机、发电机等组成，如图 1.1 所示。

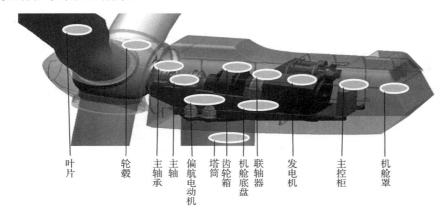

叶片　轮毂　主轴承　主轴　偏航电动机　塔筒　齿轮箱　机舱底盘　联轴器　发电机　主控柜　机舱罩

图 1.1　并网运行的风力发电机组构成

叶片的作用是捕获风能并将风力传送到转子轴心。主轴将风轮转子轴心与齿轮箱连接在一起。风轮机转子捕获的能量通过主轴、齿轮箱及高速轴传送到发电机。发电机的作用是将风轮捕获到的机械能转变为电能传送到电网。轮毂是风轮的枢纽，也是叶片根部与主轴的连接件。所有从叶片传来的力都通过轮毂、主轴承、增速齿轮箱驱动风力发电机转动发电。轮毂同时也控制叶片桨距角（使叶片作俯仰转动），在设计中应保证有足够的强度。风轮机组塔架上载有机舱及风轮转子，可以是钢质的锥形塔架，也可以是桁架式的塔架。偏航装置由电子控制器根据风向标测量的风向操作，借助偏航电动机水平转动机舱，使风轮转子叶片正对着风，以便捕获更多风能。机舱包容着风轮机的关键设备，包括齿轮箱、发电机和控制器，维护人员可通过风轮机塔进入机舱。

控制系统由传感器、执行机构和处理器系统组成。传感器一般包括风速仪、风向标、转速传感器、电量采集传感器、桨距角位置传感器、各种限位开关、振动传感器、温度和油位指示器、液压系统压力传感器等，执行机构一般包括液压驱动装置或电动桨距角调节机构、发电机转矩控制器、发电机接触器、制动装置和偏航电动机等，处理系统通常由计算机或微型控制器和高可靠性的硬件安全链组成，实现风轮机运行过程中的各种控制功能，同时在发生严重故障时，能够保障风力发电机组处于安全状态。控制系统的总体结构如图 1.2 所示。

风力发电机组的液压系统的主要功能是为风力发电机组中一切使用液压作为驱动力的装置（桨距角控制装置、安全桨距角控制装置、偏航驱动和控制装置、停机制动装置）提供液压驱动力。在定桨距风力发电机组中，液压系统的主要任务是驱动风力发电机的气动制动和机械制动；在变桨距风力发电机组中，主要通过液压系统控制桨距角调节机构，实现风力发电机组的转速控制、功率控制，同时也控制机械制动机构。

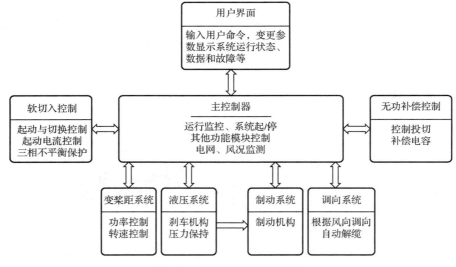

图 1.2　控制系统的总体结构

变桨距角系统的主要功能是通过调节气流对桨叶的攻角，改变风轮机的能量转换效率，从而控制风力发电机组的功率输出，还在机组需要停机时提供空气动力制动。通常采用液压驱动或电驱动，在设计阶段需要考虑这两种方式的优点和缺点，主要有三种组合形式：液压变桨距角系统、电动变桨距角系统和电液结合变桨距角系统。

1.3　风力发电系统的主要类型

1.3.1　恒速恒频风力发电系统

恒速恒频风力发电系统中的发电机为笼型转子异步发电机（SCIG），该发电机因其结构简单、效率高和维护要求低，在早期的 1MW 及以下功率等级的风力发电系统中获得了一定的应用。笼型转子异步发电机通过软启动器和电容器组直接连接在电网上，电容器组可降低无功补偿要求，如图 1.3 所示，但发电机和风轮机转子通过一个齿轮箱连接，因为风轮转子转速和发电机转速范围是不同的。软启动器有效地减小了由峰值电流引起的峰值转矩，从而降低了齿轮箱的负荷。当并网完成后，软启动器通过一个接触器短路。对定速风轮进行某些设计可以在某一特定风速下获得最佳效率。为了增加发电量、提高风轮的效率，有些定速风轮中的发电机有两套绕组：一套绕组运行在低风速下（发电机极数通常为8），另一套绕组运行在中高风速下（发电机极数通常为 4～6）。

定速风轮的优点是结构简单、健壮性好、可靠性好和技术成熟，电气组件的成本较低；缺点是必须从电网吸收滞后的无功功率，存在机械应力，以及电能质量不好控制。风速的波动会引起机械转矩的波动，进而引起电网中电功率的波动。对于弱电网而言，功率波动会导致较大电压波动，增大线路损耗。

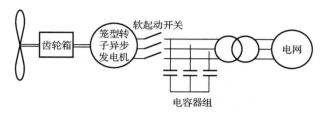

图 1.3 笼型转子异步风力发电系统

1.3.2 有限变速风力发电系统

考虑到恒速恒频风力发电机组的缺陷，20 世纪 90 年代中期，丹麦风轮制造商 Vestas 公司就提出了一种有限变速的结构，叫作 OptiSlip（Vestas 公司的注册商标）。这种结构使用的是一个绕线转子异步发电机（WRIG），如图 1.4 所示，发电机直接连接到电网上，采用电容器组实现无功补偿，通过使用一个软启动器使风力发电机组平稳地并网。这种结构的显著特点是有一个可变的附加转子电阻，它是通过对安装在转子轴上的光控变换器的最佳控制来改变转子电阻大小的。这种结构使用的是光耦合电阻，不需要使用昂贵的集电环，取消了电刷，减少了维护费用。由于转子电阻可以改变，因此转差可以控制，进而控制系统的输出功率。动态速度控制范围取决于可变转子电阻的大小，通常转速范围在同步转速的 10%以内。这种系统的缺点是来自外部功率转换单元的能量成为消耗在电阻上的热损耗，白白地浪费了。

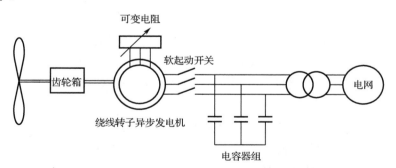

图 1.4 有限变速恒频绕线异步风力发电系统

1.3.3 带部分功率变换器的变速恒频风力发电系统——双馈风力发电系统

目前普遍采用的是变速恒频风力发电系统，变速风力发电机组通常装有一台感应发电机或同步发电机，再通过功率变换器连接到电网上。功率变换器控制发电机转速，由风速变化引起的功率波动主要由发电机转子转速变化来吸收，剩余的由风轮转子转速变化来吸收。变速风力发电机组的缺点是电气系统较复杂，需要使用较多电子元器件，增加了电力电子开关的损耗，增加了装置的成本。但变速风轮的引入增加了可用发电机的种类，使发电机和功率变换器的组合更加灵活。

根据变速运行的范围，变速风力发电机组可分为带部分功率变换器的变速风力发电机组和带全功率变换器的变速风力发电机组。

带部分功率变换器的变速风力发电系统如图 1.5 所示。这个系统采用转子交流励磁的双馈发电机（DFIG），因此称为双馈发电机组。双馈发电机的结构与绕线转子异步电机（WRIG）是一样的，与有限变速恒频风力发电机组不同的是，转子电路上接的是部分功率变换器（额定容量约为发电机额定功率的 30%左右）。这种变速恒频控制方案是在转子电路中实现的，当风速发生变化时，发电机转速也会变化，这时可通过控制转子电流频率来保持定子频率的恒定，即应满足

$$f_1 = n_p f_r \pm f_2 \tag{1.1}$$

式中，f_1 为定子电流频率，因定子与电网相连，所以定子电流频率应与电网电流频率相同；f_r 为转子机械频率；n_p 为发电机极对数；f_2 为转子电流频率。

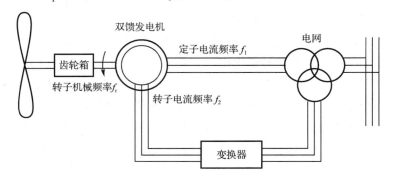

图 1.5　带部分功率变换器的变速风力发电系统

相比之下，双馈发电机变速运行的范围比 OptiSlip 的运行范围要宽，因为它既可运行在超同步转速下，也可运行在亚同步转速下，转速控制范围取决于变换器容量的大小。通常，转速范围在同步转速的-40%～+30%范围之内。从经济的角度考虑，使用较小容量的变换器更有利。

在风力发电系统中采用双馈发电机除可实现变速恒频控制、减小变换器容量外，还可对有功和无功实现解耦控制，起到补偿电网无功的作用，既可以调节电网的功率因数，又可以提高系统的运行稳定性。此外，变换器还以可实现风轮机组平稳地并网。这种系统的缺点是必须使用集电环，风轮机必须通过齿轮箱增速后才能和发电机连接；另外，在电网故障时要采取保护措施。

1.3.4　带全功率变换器的变速恒频风力发电系统

带全功率变换器的变速恒频风力发电系统如图 1.6 所示，图中齿轮箱的虚线框表示该系统中可以有齿轮箱（半直驱型），也可以无齿轮箱（直驱型）。发电机通过一个背靠背式双 PWM 全功率变换器连接到电网上，发电机既可以是电励磁同步发电机（EESG），也可

以是永磁同步发电机（PMSG）。发电机可以通过齿轮箱和风轮机相连，也可以直接和风轮机相连。通过齿轮增速，可以使用转速较高、体积较小的发电机，但风力发电机的齿轮箱容易磨损和疲劳，存在振荡和噪声，需要经常润滑和维护，且价格较贵，因此提高了系统维护成本和故障率，降低了系统的运行效率。应用多极低速永磁风力发电机可以去掉风力发电系统中常出现故障的齿轮箱，让风轮机直接拖动发电机转子运转在低速状态，这样就没有了齿轮箱所带来的噪声大、故障率高和维护成本高等问题，提高了运行可靠性，缺点是体积增大。基于以上考虑，风轮也可以通过一级齿轮增速箱与风力发电机相连接，这种风轮机组是以上两种形式的综合。

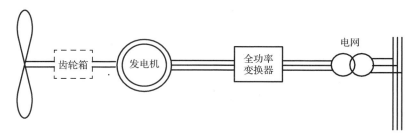

图 1.6　带全功率变换器的风力发电系统

常用的直驱风力发电系统有永磁型全功率直驱风力发电系统和电励磁型全功率风力发电系统，它们分别采用永磁同步发电机（PMSG）和电励磁同步发电机（EESG）。永磁同步发电机采用永磁体励磁，不需要励磁绕组，具有质量轻、功率密度高、功率因数高、效率高和可靠性高等许多优点，而且可以做成多极发电机，降低了同步转速，使得风轮机和发电机可直接相连。典型的直驱机型是直驱永磁同步风力发电系统，风轮公司 Enercon、Made 和 Lagerwey 都生产这种结构的风力发电系统。

在带全功率变换器的变速恒频风力发电系统中，当风速变化引起发电机转速变化时，发电机输出电压的大小和频率也会发生变化，通过变换器可将变化的电压转换成频率和大小与电网一致的电压。这个系统与双馈发电系统一样，也可以实现有功、无功的解耦控制和向电网输送无功维持电网电压，而且发电机没有与电网直接连接，电网出现故障时可以继续对发电机进行控制，使整个系统具有更高的稳定性。

应用全功率变换的并网技术，可使风轮和发电机的调速范围扩展到额定转速的 150%，提高了风能的利用范围，因此称这种结构为全变速风力发电系统。采用全功率变换器可实现无功补偿和风轮机组的平稳并网，提高了电能质量，减小了作用在风轮上的机械应力。

1.3.5　采用其他类型发电机的风力发电系统

除前述的几种主要类型的风力发电系统外，还有采用无刷双馈发电机、高压发电机、轴向磁场发电机、横向磁场发电机和开关磁阻发电机的风力发电系统。

1．无刷双馈风力发电系统

无刷双馈发电机转子为笼型转子，不需要电刷和集电环，降低了发电机的维护成本，提高了系统的可靠性。采用这种发电机的风力发电系统的主要缺点是定子绕组的设计比较复杂，定子上需要一套功率绕组和一套控制绕组，如图 1.7 所示，实现起来比较困难。这种系统也是目前的研究热点之一，国内的无刷双馈风力发电机的设计还在理论研究阶段。

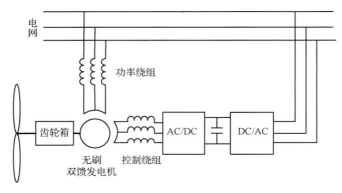

图 1.7　无刷双馈风力发电系统

2．高压发电机风力发电系统

一般风轮发电机的工作电压是 690V，因此需要在舱内或风塔底部设置一台变压器。若发电机的电压与电网电压匹配，则不需要变压器就可以并网。ABB 公司于 1998 年研制出一种高压发电机风力发电系统，如图 1.8 所示。该系统采用高压永磁发电机直接与风轮机相连，变桨距角控制，采用高压直流（HVDC）输电的连接方式实现系统并网，输出功率可以达到 3MW，输出电压不低于 20kV。该系统中每台发电机输出端都可以经过整流装置直接连接到直流母线上，再经过逆变器转换为交流电输送到当地电网；若要输送到远方电网，则通过升压变压器接入高压输电线路。

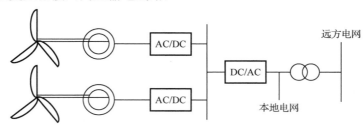

图 1.8　高压发电机风力发电系统

这种系统的优点是整合了发电机和升压变压器，使机组元件数量大大减少，系统的有功损耗和无功损耗都大大降低。其发电机侧输出的电压在 20kV 以上，直接通过 HVDC 输电方式把电能输送到负荷端，分散式的不可控整流提高了机组效率和运行可靠性。其主要的缺点是整个系统的成本较高，无法保障其长期性能和安全性。它的安全要求比低压发电机更复杂，高压发电机、电力电子装置和辅助装置（如开关装置），随着发电机容量的增加而显著地增加。整个系统的长期运行性能如何还有待进一步深入研究。

3. 轴向磁场风力发电机组

轴向磁场发电机的磁通是轴向通过气隙的，而发电机的外形是盘式结构的，故又称盘式发电机。轴向磁场发电机具有轴向尺寸短、质量轻、体积小、结构紧凑、转动惯量小、定子绕组散热条件良好、可获得很高的功率密度等优点，还可以采用多定子、多转子的多气隙结构来提高输出功率。如果发电机的极数足够多，轴向长度与外径的比例足够小，那么轴向磁场发电机比径向磁场发电机的转矩和功率密度要大。因此，轴向永磁同步发电机是最适合用于风力发电的直驱型风力发电机。

世界上第一台发电机就是轴向磁场永磁发电机，是法拉第于 1892 年发明的，但受当时永磁材料的性能和生产工艺水平的限制，未能得到进一步发展。随着永磁材料性能的改善，电机制造工艺水平的提高，以及新材料（软磁复合材料 SMC，非晶材料）的使用，轴向磁场永磁发电机重新得到了电机界的重视。

国外较早关注轴向磁场发电机，研究主要在轴向磁场发电机的性能提升、结构简化、加工工艺、降低成本方面。国外已将轴向磁场永磁发电机应用在新能源电动车辆、风力发电系统、便携式钻设备、直驱电梯电机系统、电磁飞船发射系统中。图 1.9 所示为传统的舱式直驱轴向磁场永磁风力发电机组。图 1.10 所示为轮辐式直驱型轴向磁场风力发电机组，该方案由挪威科学家提出，将风力发电机安放在风轮机的轮毂位置，可以去除传统的轮毂结构，使机组质量减轻，成本下降。挪威科技公司已经设计出 10MW 的轴向磁场风力发电机组，风轮机转子直径为 164m，发电机质量为 164 吨，而传统的同容量直驱径向磁场风力发电机重达 375 吨。该发电机采用双转子、单定子、无定子铁芯结构，这样可以消除单边磁拉力，没有齿槽转矩，发电机的效率很高，但是永磁体用量较多。

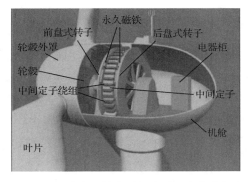 

图 1.9 舱式直驱轴向磁场永磁风力发电机组 　　图 1.10 轮辐式直驱轴向磁场风力发电机组

4. 横向磁场发电机

应用于风力发电系统的发电机要求具有较高的密度，而传统永磁发电机虽然质量相对轻些，但存在定子齿槽在同一截面、几何尺寸相互制约的缺陷。横向磁场发电机（TFG）的定子齿槽和电枢线圈在空间上互相垂直，磁路方向沿转子轴向方向，定子尺寸和线圈尺寸相互独立，实现了电路与磁路的解耦，即可以同时实现高电负荷和高磁负荷。而且，TFG的磁路是三维的，给转子磁路的设计带来了很大的灵活性。它的运行特性与同步发电机的运行特性相同，它的运行机制又类似于永磁发电机。它可以有很多极，如果把它设计成多极对发电机，就可以应用于直驱风力发电系统。

然而，TFG 有一个相对大的漏抗，在正常运行时功率因数很低；且有许多部件，工艺较复杂，成本较高，运行控制较困难。但随着粉末技术的提高，这些情况可以得到改善。总之，TFG 在风力发电系统中的应用还有待进一步研究。

5. 开关磁阻发电机

开关磁阻发电机结构简单、坚固、成本低，具有故障容错运行能力，但功率密度和效率不如永磁同步发电机，而且它对电力电子变换装置的性能要求较高，系统控制较为复杂，只适宜应用在 30kW 以下的风力发电系统中。

1.4　风力发电系统中的电力电子装置

目前的电力电子元件能够承受很大的额定电流和很高的额定电压，功率损耗在不断降低，装置的性能也变得越来越可靠，使兆瓦级功率的控制装置也变得容易实现了；价格功率比也在不断降低，功率变换器在提高风轮机性能方面越来越有吸引力。在许多形式的风力发电系统中，如变速风力发电系统，都使用电力电子装置作为接口。风轮的转速是变化的，发电机发电的频率也在变化，因此发电机频率必须与电网的频率解耦，这可以通过使用电力电子变换器来实现。即使在风轮机组直接连接到电网的定速风轮系统中时，也使用晶闸管作为软启动器。本节将介绍在风力发电系统中使用的电力电子装置。

1.4.1　软启动器

软启动器是在恒速风轮并网过程中使用的一种简单而便宜的电气元件。软启动器的功能是减小浪涌电流，从而减小对电网的干扰。没有软启动器，浪涌电流可达额定电流的 7～8 倍，这样大的电流会对电网产生严重的干扰。

在每相的软启动器装置中，都采用两个晶闸管反向并联作为换向装置。在预先设定的电网周期期间，通过调节晶闸管的触发角来实现将发电机平稳地并入电网。为了减小整个系统的损耗，在浪涌电流过后，晶闸管将被短路。

1.4.2　电容器组

电容器组使用在定速或有限变速运行的风轮中。它是一个给感应发电机提供无功功率的电气元件，可减小感应发电机从电网吸收的无功功率。

在一个预先设定的周期内，根据发电机的平均无功功率要求，通过将一定数量的电容器不断地并入或切出，风轮中的发电机可以进行满负荷动态补偿。电容器组通常安装在风塔底部或舱内（在风轮的顶部）。电容器组可能运行在过载状态，且可能在电网过电压期间受到损害，因此可能增加系统的维护成本。

为了提供无功平衡和提高电压的稳定性，电力系统广泛使用无功补偿装置，它的优点是，可以在电网故障后的恢复期间稳定电压。

1.4.3　变换器

传统的变换器（变频器），也称可调速驱动，在风力发电系统中称为功率变换器，它由以下几部分组成。

（1）将交流电转换成直流电的整流器（交流-直流转换单元），使能量流向直流侧；

（2）能量储存器（电容器）；

（3）将直流电变换成交流电的逆变器（直流-交流转换单元），使能量流向交流侧。

二极管只工作在整流模式，而电子开关既可以工作在整流模式，也可以工作在逆变模式。最常用的整流器是二极管整流器，因为它结构简单、成本低，损耗也低。由于它是非线性器件，因此会产生谐波电流。另外，它只允许功率单向流动，不能控制发电机的电压和电流。

基于晶闸管的逆变器方案是使用一种便宜、低损耗的逆变器，它需要连接到电网上才能运行。遗憾的是，它消耗无功并产生大量谐波。对电能质量要求的不断提高使晶闸管逆变器不如自换向逆变器（如 GTO 逆变器和 IGBT 逆变器）有吸引力。GTO 逆变器的优点是比 IGBT 处理的功率更大，但由于 IGBT 的发展很快，GTO 的这个特点已经变得不那么重要了。GTO 逆变器的缺点是 GTO 阀门的电流控制比较复杂。

发电机和整流器必须作为一个整体来选择，而逆变器的选择几乎与发电机和整流器的选择无关。二极管整流器或晶闸管整流器只能和同步发电机一起使用，因为它不需要无功励磁电流。与此相反，GTO 和 IGBT 整流器必须和调速感应发电机一起使用，因为它们能够对无功功率进行控制。虽然 IGBT 是一个很有吸引力的选择，但它有价格高、损耗大的缺点。例如，同步发电机和二极管整流器的组合与对应的感应发电机和 IGBT 逆变器或整流器的组合相比，总成本要低得多。

功率变换器在风轮中的应用使电网操作人员能够更好地控制大型现代风轮和风电场。这表现在：①有功功率和无功功率可控（频率和电压控制）；②对电力系统动态变化有快速响应；③影响电网稳定性；④提高电能质量（减少闪烁、低次谐波过滤，以及限制涌入电流和短路电流）。

将一个整流器和一个逆变器组合成一个变换器的方法有许多。最近几年，人们对不同的变换器拓扑结构是否能应用在风力发电系统中进行了许多研究，提出了背靠背式、多电平（Multilevel）式、一前一后式、矩阵式和谐振式变换器。

目前，可供选择的变换器有两电平电压型双 PWM 变换器，交-直-交电压源、电流源并联混合型变换器，晶闸管相控交-交变换器，矩阵式变换器，多电平变换器，普通钳位谐振软开关变换器（Natural Clamped Converter，NCC）。

很显然，背靠背式变换器最适合于目前的风力发电系统应用。它代表了目前风力发电的科技水平，因此被用作衡量其他变换器拓扑的标准。L.H.Hansen 等人的分析表明，矩阵和多级变换器是背靠背式变换器最强有力的竞争者。

背靠背式变换器是一个双向功率变换器，它由两个传统的脉冲调制（PWM）电压源变换器（VSC）组成。为了对网侧电流进行很好的控制，将直流环节电压升高到大于网侧线-线电压的幅值。升压感抗的存在降低了对输入端谐波滤波器的要求，为变换器提供了一些电网非正常情况下的保护。

逆变器和整流器之间的电容器可以对两个变换器的控制进行解耦，以补偿发电机侧和网侧的不对称，而变换器之间没有相互影响。对网侧变换器功率进行控制，可确保直流环电压恒定；对发电机侧变换器进行控制，可满足励磁要求和所需的转子转速。

背靠背式变换器有直流环电容器，这与没有直流环电容器的变换器（如矩阵式变换器）相比，使系统寿命缩短、效率降低。然而，矩阵式变换器在故障状态下的保护不及背靠背式变换器。另外，背靠背式变换器的开关损耗比矩阵式变换器的开关损耗大。与背靠背式变换器相比，矩阵式变换器的缺点是导通损耗较大。与有恒定直流环电压和两个输出级的变换器相比，矩阵式变换器的输出谐波含量要低些，因为矩阵式变换器的输出电压由三个电压等级组成。考虑谐波性能时，多级变换器优于对输入滤波器要求低的变换器。

综上所述，背靠背式、多电平（multilevel）式、矩阵式变换器是值得在不同的风力发电机组拓扑中进一步研究的变换器。

1.4.4　风电场中的电力电子变换器拓扑结构

目前的风力发电机组常以数百兆瓦的功率容量大量集中在一起，大容量的风电场将会直接连入输电网，逐步取代传统的发电厂，这意味着风力发电机组应具有发电厂特性，即能够成为电力系统中的主控部件。大型风电场有很高的技术要求，可以实现频率和电压控制，可以调节有功和无功功率，能为电力系统提供快速的瞬态和动态响应。早期的风力发电机组不具备这些控制能力，储能技术也不成熟，不能保证电力系统的稳定。因此，在满足未来高要求的大型风电场中，电力电子技术越来越有吸引力。

目前，为了能够满足较高的发电技术要求，并尽可能降低安装成本，人们在采用不同的电力电子变换器连接形式来研究风电场的电气设计方面，展开了大量的研究工作。根据电力电子装置在风电场中的使用情况，有几种不同的电路结构可供选择，它们有其各自的优点和缺点。其拓扑结构有以下几种。

（1）完全分散的控制结构：风电场中的每个风力发电机组都有各自的变换器和控制系统。这种结构的优点是，每个风轮都可根据局部的风况运行在最佳状态。

（2）部分集中、部分离散控制结构：功率变换器中的整流器和逆变器分开放置，通过一根高压直流母线电缆相互连接。整个风电场中所有风力发电机输出的交流电就地整流后汇集到直流网络，再通过一个中央逆变器连接到公共电网上。这种结构由 Dahlgren 等人在 2000 年提出，同时建议使用多极高压永磁同步发电机，已在 Gotland Sweden 风电场运行。

这种结构具有变速恒频风力发电机组的所有特征，每个风力发电机组都可以单独地进行控制，若采用 VSC 作为整流器，则发电机还可以采用 SCIG。

（3）完全集中的控制结构：整个风电场中所有风力发电机组通过一个中央电力电子变换器连接到公共电网上。风力发电机可以采用 SCIG 或 WRSG。这种结构的优点是风力发电机组与电网之间实现了解耦，因此风电场对可能出现的电网故障具有健壮性。这种风电场的缺点是所有的风力发电机组以相同的平均角速度旋转，而不以各自的最佳转速运行，因此对单个风力发电机组来讲，失去了变速运行的一些优点。

可见，电力电子技术在大型风电场中的应用前景很好，对满足电力公司对风电场提出的高要求将起到关键的作用。

1.5　风力发电技术发展趋势

为了提高风力发电机组的效率，降低系统的成本，改善并网电能的质量，减小噪声，提高风力发电机组运行稳定性，风力发电将向直驱化、大容量、变转速、高质量、无刷化、智能化及微风发电等方向发展。

1.5.1　风力发电机组大型化

从理论上讲，提高风力发电机组容量不仅可以提高风能转换效率、减少占地面积，还可以降低风力发电的单位功率造价，从而降低风电场运行维护的成本，提高风电的市场竞争能力。因此，风力发电机组大型化顺应了风电产业发展的方向。

1.5.2　从陆地向海洋拓展

海上风力比陆地上大得多且风况好，因此许多国家正在大力发展海上风电场。但海上风力发电的总投资比陆上大得多，一般高两倍左右，主要原因是海上风力发电的特殊基础设施建造和并网连接成本比重较大。另外，为了适应海上的恶劣环境和不破坏海洋生态环境，风电设备要经过气密、防腐和环境保护评测等特殊环节。再者，海上风电场的维护费用也很高，这些都增加了海上风力发电的成本。因此，一般海上风电场总装机容量在 10 万千瓦以上才比较经济。

1.5.3　采用直驱型或半直驱型风力发电机组

直驱型或半直驱型风力发电机组在设计上采用交-直-交全功率变换器，实现了发电机输出与电网在频率、电压大小和相位上的解耦，在各种风速下发电机的输出都不会影响变换器网侧对电网的适应性，很容易适应电网的各种要求，解决了风电并网的问题，这是直驱型风力发电机组很突出也很重要的优点。因此，采用全功率变换技术在满足电网调压、调频、调无功及低电压穿越方面有先天的优势。

在带有增速齿轮箱的风力发电系统中，齿轮箱在 70～100m 的高空一直处于振动的工作状态，有的传动链需要高速旋转，转速高达 1000r/min，因此在联轴器、润滑系统、冷却系统等方面容易出现故障，更主要的是它的轴承、齿轮都会出现磨损，因此齿轮箱的故障率较高，同时带齿轮箱的风力发电机组需要较多的固定耗材或备件，如润滑油、油管、水管、冷却系统装置、接口、阀门和泵等，这些都会增加维护的费用。直驱型风力发电机组是针对目前风力发电机组齿轮箱故障率较高而设计的，可以为用户减少很多维护的麻烦和维护费用，使风轮机在高空中的维护工作大大减少。此外，从简化传动链和提高可靠性方面考虑，直驱型或半直驱型风力发电机组取消了故障率较高的齿轮箱或减少了齿轮箱级数，减少了故障点，提高了传动链运行可靠性。现在的直驱永磁同步风力发电机组有非常强的生命力，其总体发电效率比一般的双馈风力发电机组高出约 5 个百分点，按 20 年寿命期计算，累计发电量将比双馈风力发电机组多很多。

按照风力发电系统中所使用的齿轮箱的情形可以将风力发电系统分为高传动比齿轮箱型、直驱型和中传动比齿轮箱型（半直驱型）。在高传动比齿轮箱型系统中，风轮机通常通过三级齿轮箱与风力发电机连接。双馈风力发电机、笼型转子异步发电机和同步发电机都可以采用这种形式。与高传动比齿轮箱型系统相比，中传动比齿轮箱型风力发电系统减小了传统齿轮箱的传动比，降低了系统维护成本和故障率；与直驱型风力发电系统相比，减少了风力发电机的极数，从而减小了风力发电机的体积。因此，中传动比齿轮箱型风力发电系统是一种折中方案，特别是在稀土永磁材料价格比较昂贵的时候采用更优。

1.5.4　提高风力发电机组的运行可靠性

随着风电产业的迅速发展，电网中风电所占的比重越来越大，为了电网的安全运行就需要不断提高对风电接入电网的要求。风力发电机组是否具有电网故障穿越功能已经成为它是否具有竞争力的重要条件之一。风力发电机组的故障穿越能力对于含风电场的电网的暂态稳定性、电压稳定性具有直接影响，进而会影响风电装机容量可信度、风电穿透能力，以及含风电场的电网的网架和电源规划、风电接入后电网的调度与运行等多个方面。

风力发电机组的可靠运行应包括发电机和变换器内部故障时的容错运行，即当发电机或变换器出现故障时，机组应能继续运行而不脱网，以免引起电网的故障扩大。

1.5.5　分布式发电和微网技术

风力发电、太阳能发电的随机性是无法从根本上改变的，通过分布式发电和微网技术，可将间歇性的可再生能源储存起来，通过灵活调节满足各种用电设备的需求，如用来驱动电动汽车。

我国在建设 10 亿瓦级大型风电基地的同时，在地形状况较差或不具备建设大型风电场条件的地区（如山区、河谷、沿海岛屿等）建设了小型风电场，加快了风电资源的开发进程，并考虑了就地消化风电（如供热等）方案的可行性，从而充分发挥了分布式发电的灵活优势。

1.5.6　智能化控制

随着信息技术和智能技术的快速发展，智能机器人、无人机、远程监控平台、大数据挖掘诊断等技术正被广泛运用在风力发电系统的运行和监控中，风电运维也趋向"无人值班、少人值守"。这些新技术、新模式的广泛使用，使得风力发电的效率快速提高，风电成本不断下降，在未来的新能源发电领域中，综合能源、智慧能源、能源互联网将成为发展方向。

另外，风力发电机的无刷化也是风电发展的一个方向。无刷化提高了发电机运行的可靠性，可实现免维护，提高了风力发电机组全生命周期的有效发电效率。

1.6　本章小结

用传统化石能源获得能量是使全世界气候变暖和环境恶化的主要因素之一，因此迫切需要加大可再生能源的开发力度。十多年来，风力发电发展迅速，技术日趋成熟，多条技术路线并存，各领风骚，风电开发潜力巨大，特别是海上风力发电，但同时也面临着巨大的挑战。随着世界范围内风电技术的发展，出现了各种各样的风轮机，变速恒频是目前应用的主要风力发电方案。在变速风力发电系统中，需要使用电力电子装置作为接口，这在提高风能转换效率的同时，也给系统带来了一些谐波，风能的最大捕获和改善电能质量是风力发电系统需要解决的两个核心问题。风力发电系统综合了空气动力学、机械学、电机学、电力电子技术、电力系统分析、控制理论、智能控制技术、计算机技术、微电子技术等众多学科，是一个多学科互相作用的复杂协同系统，因此实现该系统的控制相当重要。

第2章 风力发电机组的功率特性与功率控制

众所周知，由于风能能量密度小、稳定性差、不能储存，风力发电比水力发电困难得多。风力发电系统在技术和管理上都出现了一些特殊问题，在风力发电过程中存在许多关键的技术。目前，风力发电系统亟待解决的两个核心问题是风能的最大捕获及改善电能质量。本章从风轮机的功率特性入手，研究风轮机的功率控制和最大功率点跟踪控制策略。

2.1 风力发电基本原理

典型风能转换系统的原理如图 2.1 所示。风吹动风轮机的叶片使风轮转子（Rotor)旋转，将风能（Wind Power）转换为机械能（Mechanical Power)，叶轮通过增速齿轮箱（Gearbox）带动发电机（Generator）旋转（直驱型风力发电系统无齿轮箱)，发电机再将机械能转化为电能（Electrical Power)，然后通过功率变换器（Power Converter）将电能变换至与电网电压的大小和频率相同后送入电网（Supply Grid)；或通过整流器给蓄电池充电，将电能储存，通过蓄电池给负载（Consumer）供电；也可以通过一个可控的整流调节器，使发电机同时给负载和蓄电池供电。

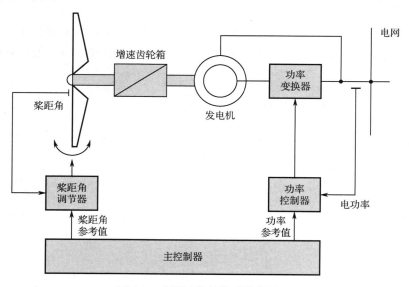

图 2.1 典型风能转换系统的原理

　　风轮机根据旋转轴位置的不同，可分为垂直轴式和水平轴式两种。并网型风力发电系统的风轮机一般为水平轴式，因为它能增强风塔的稳定性，减小或消除垂直轴向系统造成的风塔振荡现象。水平轴式风轮机在其桨叶正对风向时才能旋转，因此，需由偏航机构根据风向控制其迎风，水平轴式风力发电机组的结构如图 2.2 所示。

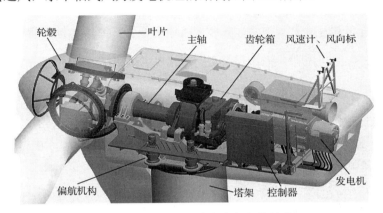

图 2.2　水平轴式风力发电机组的结构

　　由图 2.1 和图 2.2 可以看出，现代化的风力发电系统，不只是一台风轮机和一台发电机的简单组合，而是一个高度集成空气动力学、电机学、电力电子技术、电力系统分析、继电保护技术、先进控制技术和数据通信等多学科技术的复杂的机电能量转换系统。

2.2　风轮的空气动力学特性

　　物体在空气中运动或者空气流过物体时，物体将受到空气的作用力，称为空气动力。通常空气动力由两部分组成：一部分是气流绕物体流动时，在物体表面处的流动速度发生变化，引起气流压力的变化，即因物体表面各处气流的速度与压力不同而对物体产生的合成压力；另一部分是气流绕物体流动时，在物体附面层内由于气流黏性作用产生的摩擦力。整个物体表面这些力合成起来便得到一个合力，即空气动力。

2.2.1　风能的计算

　　由流体力学可知，气流的动能 W 可用式（2.1）表示。

$$W = \frac{1}{2}mv^2 \tag{2.1}$$

式中，m 为气体的质量；v 为气体的速度。

　　设单位时间内气流流过截面积为 S 的气体的体积为 V，则

$$V = Sv \tag{2.2}$$

　　如果以 ρ 表示空气密度，则该体积的空气质量为

$$m = \rho V = \rho Sv \tag{2.3}$$

这时气流所具有的动能为

$$W = \frac{1}{2}\rho S v^3 \tag{2.4}$$

式中，W 也称风能，单位为 W；ρ 为空气密度，单位为 kg/m³；S 为气流流过的截面积，单位为 m²；v 为气流的速度，也称风速，单位为 m/s。从式（2.4）可以看出，风能的大小与 ρ 和 S 呈正比，与 v^3 也呈正比。其中，ρ 和 v 随地理位置、海拔、地形等因素而变化。

2.2.2　风轮动量理论（贝兹极限理论）

风轮机的第一个气动理论是由德国的贝兹（Betz）于 1926 年建立的。为了简化分析，贝兹假定风轮是理想的，即没有轮毂，具有无限多叶片，且不考虑风轮尾流的旋转。此外，还进行了以下假设。

（1）气流是不可压缩的均匀定常流。

（2）风轮简化成一个桨盘。

（3）桨盘上没有摩擦力。

（4）风轮流动模型简化成如图 2.3 所示的一个单元流管。

（5）风轮前、后远方的气流静压相等。

（6）轴向力（推力）沿桨盘均匀分布。

图 2.4 所示为风轮的气流图，并规定：v_1 为距离风轮机一定距离的上游风速；v 为通过风轮的实际风速；v_2 为离风轮远处的下游风速。设通过风轮的气流的上游截面积为 S_1，下游截面积为 S_2。由于风轮的机械能量仅由空气的动能降低所致，因而 v_2 必然低于 v_1，所以通过风轮的气流截面积从上游至下游是增加的，即 S_2 大于 S_1。假设空气是不可压缩的，因此有

$$S v_1 = S v = S v_2 \tag{2.5}$$

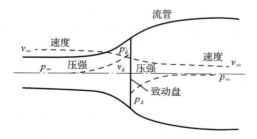

图 2.3　风轮流动的单元流管模型

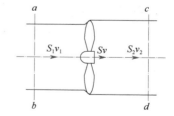

图 2.4　风轮的气流图

由 Euler 理论得到作用在风轮上的轴向力 F 为

$$F = m(v_1 - v_2) = \rho S v(v_1 - v_2) \tag{2.6}$$

由图 2.4 得到

$$F = S(p_a - p_b) \tag{2.7}$$

式中，p_a、p_b 分别为风轮两侧的气流静压。

由伯努利方程可得

$$\begin{cases} \dfrac{1}{2}\rho v_1^2 + p_1 = \dfrac{1}{2}\rho v^2 + p_a \\ \dfrac{1}{2}\rho v_2^2 + p_2 = \dfrac{1}{2}\rho v^2 + p_b \end{cases} \tag{2.8}$$

假设风轮远方的气流静压相等，即 $p_1=p_2$，得到

$$p_a - p_b = \frac{1}{2}\rho(v_1^2 - v_2^2) \tag{2.9}$$

由式（2.7）和式（2.9）得到

$$F = \frac{1}{2}\rho S(v_1^2 - v_2^2) \tag{2.10}$$

比较式（2.6）和式（2.10）得到

$$v = \frac{v_1 + v_2}{2} \tag{2.11}$$

式（2.11）表明，流过风轮的速度是风轮前来流风速和风轮后尾流风速的平均值。

根据能量方程，有

$$P = \frac{1}{2}m(v_1^2 - v_2^2) = \frac{1}{2}\rho Sv(v_1^2 - v_2^2) = \frac{1}{2}\rho S\left(\frac{v_1 + v_2}{2}\right)(v_1^2 - v_2^2) \tag{2.12}$$

令 $\dfrac{\mathrm{d}P}{\mathrm{d}v_2} = 0$，即 $\dfrac{\mathrm{d}P}{\mathrm{d}v_2} = \dfrac{1}{4}\rho SV(v_1^2 - 2v_1 v_2 - 3v_2^2) = 0$，求解得

$$v_1 = -v_2 \text{或} v_2 = \frac{1}{3}v_1 \tag{2.13}$$

$v_1 = -v_2$ 不合理，舍去，得到 $v_2 = \dfrac{1}{3}v_1$，代入式（2.12），得

$$P_{\max} = \frac{8}{27}\rho Sv_1^3 \tag{2.14}$$

式（2.14）即为根据贝兹理论推得的最大功率。

定义风轮机功率因数为 C_p。C_p 又称风能利用因数，为可提取的风能 P 与输入的风能 E 之比，即 $C_p=P/E$。将最大功率除以气流所具有的动能，可得到风轮机的理想风能利用因数 $C_{p\max}$ 表达式

$$C_{p\max} = \frac{P_{\max}}{\dfrac{1}{2}\rho Sv_1^3} = \frac{8}{27}\frac{\rho Sv_1^3}{\dfrac{1}{2}\rho Sv_1^3} \approx 0.593 \tag{2.15}$$

式（2.15）说明，风轮从风中所能捕获的能量是有限的，实际上只有不到 59.3% 的风能可利用，实际的风能利用因数远达不到 0.593，一般为 0.2～0.5，其功率损失部分可以解释为留在尾流中的旋转动能。

能量转换的效率与采用的风轮机和发电机形式有关。风轮叶片的平面形状与剖面几何形状和风轮机的空气动力特性密切相关，特别是剖面几何形状（翼型气动特性）的好坏，将直接影响到风轮机的风能利用因数和风力发电机组的性能。在设计风力发电机组时，总

希望得到较高的风能利用因数，使风轮的能量损失尽可能小，即阻力尽可能小，为此要求选择的翼型具有较高的升力因数。一般应根据以下规则选择翼型：对于低速风轮，叶片数较多，不需要特殊的翼型升阻比；对于高速风轮，叶片数较少，应当选用在很宽的风速范围内具有较高升阻比和平稳失速特性的翼型，使其对粗糙度不敏感，以便获得较高的功率因数；另外，要求翼型的气动噪声较低。

2.2.3　影响输出功率的因素

风力发电机的输出功率主要取决于风速。此外，气压、气温和气流扰动、桨距角等因素也显著影响其输出功率。

1．气温对输出功率的影响

当气压和气温变化时，空气密度会跟着变化，一般当温度变化±10%时，相应的空气密度变化∓4%。因此，当气温升高时，空气密度就会下降，相应的输出功率就会减少。因此，在冬季与春季，应对桨叶的安装角各进行一次调整。

2．额定转速的设定对输出功率的影响

需要指出的是，风力发电机的额定转速并不是在额定风速时具有最大功率因数而设定的。因为风力发电机组并不是经常运行在额定风速上，且功率与风速的三次方呈正比，只要风速超过额定风速，功率就会显著上升，这对于定桨距风力发电机组来说是无法控制的。事实上，定桨距风力发电机组早在风速达到额定风速以前就开始失速了，到额定风速时功率因数已经很小了。桨叶的失速性能只与风速有关，只要达到了叶片气动外形所决定的失速调节风速，不论是否满足输出功率，桨叶的失速特性都会起作用，影响输出功率。

对于定桨距风力发电机组，应尽量提高低风速的功率因数和考虑高风速的失速性能。额定转速低的机组，在低风速时有较高的功率因数；额定转速高的机组，在高风速时有较高的功率因数，这是制造双速发电机的依据。

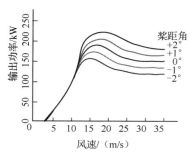

图 2.5　风轮的输出功率与桨距角的关系

3．桨距角对输出功率的影响

在低风速区，不同的桨距角所对应的功率曲线几乎是重合的；在高风速区，桨距角的变化，对最大输出功率的影响是十分明显的，如图 2.5 所示。事实上，调整桨叶的桨距角主要改变了叶片对气流的失速点，这是根据空气密度调整桨距角的依据。

2.3　风轮机的功率特性

风轮机的作用是把风能转化为机械能，这是一个很复杂的空气动力学过程。风轮机的

精确建模必须基于空气动力学中的桨叶理论，不可避免地要解决风轮机的几何学问题、复杂冗长的计算等困难，此外，还要同时处理一系列风速信号。为了简化分析，专家提出了一种简易的模型来对风轮机的功率方程进行描述。

根据风能理论，风轮从风中捕捉到的机械功率（风能）P_{mec} 可按下式计算：

$$P_{mec} = \frac{1}{2}\rho S v^3 C_p(\lambda, \beta) \tag{2.16}$$

式中，P_{mec} 为捕捉的风能，单位为 W；S 为风轮掠过面积，$S=\pi r^2$，单位为 m^2，r 是风轮半径，单位为 m；λ 为叶尖速比，即叶片的叶尖线速度与风速之比，有

$$\lambda = \frac{\omega_w r}{v} = \frac{2\pi r n_w}{v} \tag{2.17}$$

式中，ω_w 是风轮转子角频率，单位为 rad/s；n_w 是风轮的转速，单位为 r/s。

β 是风轮转子的桨距角，单位为度；C_p 为功率因数或风能利用因数，表示风轮机吸收利用风能的效率，是叶尖速比 λ 的函数，也是桨距角 β 的函数，综合起来可表示为 $C_p(\lambda, \beta)$，可以用下式表示：

$$\begin{cases} C_p = 0.22\left(\frac{116}{\theta} - 0.4\beta - 5\right)\exp^{-\frac{12.5}{\theta}} \\ \theta = \dfrac{1}{\dfrac{1}{\lambda + 0.08\beta} - \dfrac{0.035}{\beta^3 + 1}} \end{cases} \tag{2.18}$$

$C_p(\gamma, \beta)$ 与 λ 和 β 的关系如图 2.6 所示。由图 2.6 可以看出，对于某个固定的桨距角 β 来说，C_p 与 λ 的关系是确定的。对于变桨距风轮机，当桨距角 β 发生改变时，C_p-λ 曲线也会发生变化，大致在一定范围内移动。

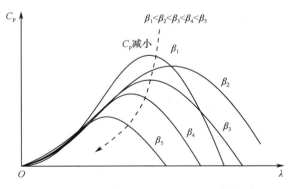

图 2.6 功率因数 $C_p(\lambda, \beta)$ 与 λ 和 β 的关系

由图 2.6 还可以看出，对于某个特定的桨距角 β，对应于某个叶尖速比 λ，有唯一的最大风能利用因数，约为 0.5。在同一叶尖速比下，桨距角越小，功率因数越大，随着桨距角不断增大，风能利用因数迅速减小。因此，由 $C_p(\lambda, \beta)$ 与 λ 的关系可知，为了增加从风中获得的气动功率，桨距角要小（通常为 0°）。同时，当风速变化时，发电机的转速也要随风速改变，从而保持最佳叶尖速比不变。

　　图 2.7 所示为在不同的风速下风轮机的输出功率特性，对应每个风速都有一个最大功率点，将这些点连接起来就得到最佳功率曲线，即 P_{max} 曲线。在风力发电控制系统中，通过变换器对风轮机的速度进行控制，即在风速变化时及时调节风轮机的转速（在直驱风力发电系统中，即为发电机的转速），追踪 P_{max} 曲线，就可以最大限度地捕捉风能。而在风速超过额定风速时，风轮机采用变桨距角运行，通过改变桨距角 β 来改变功率因数 C_p，使发电机输出功率恒定不变，防止机组出现事故。

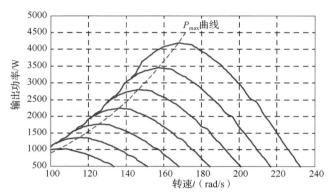

图 2.7　风轮机的输出功率-转速特性及最佳功率曲线

2.4　风轮机的功率控制

2.4.1　风轮机的种类

1. 定桨距风轮

　　所谓定桨距风轮，就是桨叶与轮毂的连接是固定的，叶片安装好后安装角不再发生变化，当风速变化时，桨叶的迎风角度不能随之变化。定桨距风力发电机组要解决两个问题：一是当风速高于风轮的设计点风速即额定风速时，桨叶必须能够自动地将功率限制在额定值附近，这一特性称为自动失速；二是运行中的风力发电机在突然失去电网（突甩负载）的情况下，桨叶自身必须具备制动能力，使风力发电机组在大风情况下安全停机。

　　为了解决上述两个问题，桨叶制造商在 20 世纪 70 年代利用玻璃钢复合材料研制成功了失速性能良好的风轮机桨叶，解决了定桨距风力发电机组在大风时的功率控制问题。叶片上下翼面形状设计得不一样，失速调节的攻角沿轴向由根部向叶尖渐渐减少，因而根部叶面先进入失速，随风速增加，失速部分向叶尖扩展，原先已失速的部分，失速程度加深，末失速的部分渐渐进入失速区。失速部分功率减少，末失速部分仍有功率增加，输入功率保持在额定值附近。为了解决在突甩负载情况下的安全停机问题，在 20 世纪 80 年代，人们又将叶尖扰流器成功地应用在风力发电机组上。定桨距风轮一般安装有可控的叶尖扰流器，可旋转 90° 形成阻尼板，当风力发电机组需要脱网时用来进行机组制动。

　　定桨距失速控制风轮机整体结构简单，部件少，造价低，并具有较高的安全性，有利于市场竞争。但失速型叶片成型工艺较复杂，叶片的失速特性不好控制，不利于向大机组方向发展。定桨距风轮通常采用双速发电机（大/小发电机），在低风速段运行时，采用小电机使桨叶具有较高的效率；在高风速段运行时，采用大电机来提高发电机的效率。

2．变桨距风轮

变桨距风轮是为了适应不同的风速，使风轮机在不同风速下都有较高的功率因数而设计的。根据风轮机的功率特性，如果桨距角不变，风轮机在某一风速下有较高的功率因数；而在其他风速下功率因数则会下降。如果随着风速的变化，调节整个桨叶的安装角，则有可能在较大的风速范围内都可以获得较高的功率因数，从而获得最大输出功率。

变桨距风轮机能使叶片的安装角随风速变化而变化，从而使风轮机在各种工况（启动、正常运转、停机）下都能按最佳参数运行。它可以使发电机在额定风速以下的工作区间输出较大的功率，而在额定风速以上的高风速区不超载，因此对发电机的过载能力要求不高。其缺点是需要一套比较复杂的桨距角调节机构。

2.4.2　风轮机的功率控制方式

为了避免高风速对风轮的损害，必须采用有效的方法控制作用在风轮上的气动转矩和限制风轮机的输出功率。对风轮机输出功率的控制方法有失速控制（被动控制）、变桨距角控制（主动控制）和主动失速控制。

1．失速控制（被动控制）

最简单、最健壮和最廉价的控制方法是失速控制（被动控制），通常是针对定桨距风轮而设计的。定桨距风轮的叶片以一个固定的角度拴在轮毂的轴上，因此在额定风速下，风轮机的效率较低；而当风速超过额定风速时，桨叶依赖于叶片独特的翼型结构，使流过叶片的气流产生紊流而降低叶片的利用效率，自动地将功率限制在额定值附近，使转子失去一部分功率，因而叫作失速控制。

失速控制的缺点是低风速下的效率低，无辅助启动，在空气密度和电网频率发生变化时，最大静态功率会发生变化。在失速控制的风轮机中，桨距角是固定的，输出功率不能保持恒定；相反，失速效果导致在高风速范围内输出功率小于额定功率。失速调节的过程很复杂，特别是风速不稳定时的精确计算很困难，所以只在兆瓦级以下的风力发电机上应用。

2．变桨距角控制（主动控制）

变桨距角控制（主动控制），是指气流对叶片的攻角可随着风速的变化进行调整，从而改变风力发电机组从风中获得的机械能。一般来说，这种控制方法的优点是可以对功率进行很好的控制，可以辅助启动和进行紧急制动。

优良的功率控制意味着在高风速下，输出功率的平均值总是接近发电机的额定功率。而变桨距角控制可以调节桨叶桨距角，使输出功率保持稳定。这个方法的缺点是由于存在桨距角调节机构，结构较复杂，在高风速下功率波动较大。由于阵风和桨距角调节机构的限速，瞬时功率会在平均额定功率附近发生波动。

3．主动失速控制

主动失速控制是失速控制和变桨距角控制的结合，它在低风速和高风速下都可以对输出功率进行控制。低风速时，将桨距角调节到最佳以获得更高的气动效率；高风速时，以与低风速时相反的方向来调节桨距角。主动失速控制的实质是使叶片攻角发生变化，从而引起更深层次的失速。主动失速风轮可以获得平滑的有限的功率，不会像变桨距角控制风轮那样产生大的功率波动。这种控制方法的优点是能够补偿空气密度的变化，容易启动并容易实现紧急制动。

主动失速控制的风轮机在原理上是一个具有桨距角调节机构的失速控制风轮机。失速控制风轮机和主动失速控制风轮机的区别在于：主动失速控制风轮机有一个可以控制失速效果的桨距角控制系统。另外，功率因数可以在某个范围内进行优化。当风速在启动风速和额定风速之间时，桨距角按最佳输出功率调节到最佳位置；当风速超过额定风速时，通过利用失速效果将输出功率限制在额定功率。为了获得平坦的功率曲线，即在额定风速到切出风速之间得到恒定的额定功率，必须相应地对桨距角进行调节。主动失速控制风轮机的运行模式有两种：功率优化和功率限制。

1）功率优化

当风速低于额定风速且输出功率低于额定功率时，对风轮机输出功率进行控制的目标是实现最大功率点跟踪，以捕获最大风能；在给定的风速下，通过求出对应于最佳功率因数 $C_{p\text{-}opt}$ 的桨距角来对功率进行优化；当风速变化时，通过改变发电机的转速来改变叶尖速比，以对功率进行优化。风速是在某个时间范围内的平均值，对桨距角进行调节以实现在平均风速时跟踪最大功率因数。功率优化是一个开环控制，因为没有来自桨距角和功率对风速的反馈。

图 2.8 所示为不同风速时功率因数 C_p 与桨距角 β 的关系曲线，可以看出，在低风速时，C_p-β 曲线在最大值处呈尖峰状，即 C_p 对偏离最佳桨距角 β 的微小变化很敏感；在高风速时，曲线的顶部变得平坦些，即风速稍微变化和偏离最佳桨距角对最佳功率因数没有太大的影响。因此，低风速时的最佳桨距角应该精确求出。

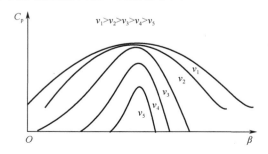

图 2.8　不同风速时功率因数 C_p 与桨距角 β 的关系曲线

调节桨距角时，应该根据平均风速而非瞬时风速值，因此要使用平均移动法求出平均风速。平均移动法实际上是一个过滤风速信号的方法，此方法在风轮机控制器中经常用到。只有在风速超过额定风速或功率超过额定功率时，桨距角控制系统才起作用。

2）功率限制

当输出功率超过额定功率，或风速超过额定风速时，功率限制模式就会起作用。在功率限制模式下，功率控制采用闭环控制，将测量到的发电机平均功率和风轮机功率的设定值进行比较，在正常运行时，该设定值一般是风轮机的额定值。

若平均功率超过设定值，则桨距角按负方向增加以增强失速效果，从而限制输出功率；若平均功率低于设定值，则桨距角按正方向增加以减弱失速效果，以增加输出功率。图 2.9 所示为在额定风速到切出风速的范围内获得恒定功率时的桨距角调节。

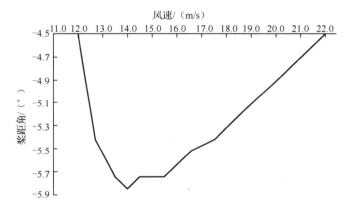

图 2.9　在额定风速到切出风速范围内获得恒定功率时的桨距角调节

2.5　风力发电机组的功率控制策略

2.5.1　风力发电机组的运行控制策略

为了从风中捕获到更多的风能，根据风轮机的功率特性，应采取如下控制策略。

（1）从风轮切入风速（$v_{cut\text{-}in}$）到风轮的额定转速 v_{wN}，根据风轮的功率特性可知，风速太低时，捕获的风能较少，系统的效率也较低。因此，在风速太低的情况下不宜启动风力发电机组，只有当风速到达一定值，即切入风速后，才启动风轮机组，如图 2.10 中的 OA 区间所示。但为了提高整个风力发电系统的利用率，风力发电机组的切入转速也不宜太高。对直驱发电机而言，减小发电机的齿槽转矩可适当降低风力发电机组的切入转速。当风速超过切入风速时启动风轮机组，风轮转速由零增大到发电机的切入转速，C_p 值不断上升，风力发电机组开始运行发电。为了从随机变化的风中获得最大功率，将桨距角设为最佳值，C_p 恒为最大值，如图 2.10 中的 AB 区间所示，这时风力发电机组运行在最大功率点跟踪状态。

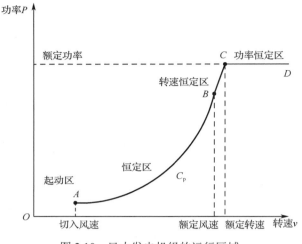

图 2.10　风力发电机组的运行区域

（2）在风速超过风轮额定转速 v_{wN} 时，随着风速的增加，风轮机转速也随之增加。为了保证风轮机组的安全稳定运行，必须对风轮规定一个允许的最大转速，即风轮的额定转速 v_{wN}，对应图 2.10 中 B 点的转速，这个额定转速一般应小于与发电机额定功率对应的风速（发电机的额定转速，对应于图 2.10 中的 C 点）。当到达额定风速后，风速再增加时，风轮的转速不再增加，即进入转速恒定区，如图 2.10 中的 BC 区间所示。为了运行在转速恒定区，必须在发电机输出额定功率之前改变控制策略，即随着风速增大，调节桨距角使 C_p 值减小，因为风速还在增加，所以功率仍然增大，直到发电机的输出功率到达发电机额定功率。一般根据测量的发电机输出功率来决定转速设定值。考虑到桨距角控制系统的反应较慢，在风轮额定转速增加到发电机额定转速的过程中，发电机转速约提高 10%。

（3）当风速继续增大时，发电机转速会达到其额定值，同时发电机的输出功率也达到额定功率，继续调节风轮机桨距角，降低风轮的风能利用因数，保持发电机的输出功率为额定值不变，此时风轮机工作在功率恒定区，如图 2.10 中的 CD 区间所示。当风速增大到切出风速 $v_{ut\text{-}off}$（系统运行时的最大允许风速）时，为了避免机组零部件的损坏，应将风轮机制动。

2.5.2　额定风速以下时发电机组的运行控制

风吹动叶片使风轮机旋转，风轮机再带动风力发电机旋转，当发电机的电磁转矩和风轮机的气动转矩达到平衡时，风力发电机处于平衡运行状态。在直驱风力发电系统中，风力发电机与风轮机是直接相连的，因此风力发电机组的动态特性可以用一个比较简单的数学模型来反映，即

$$J_w \frac{d\omega_w}{dt} = T_w - T_{em} \qquad (2.19)$$

式中，J_w 为风轮的转动惯量，单位为 $kg \cdot m^2$；T_w 为风轮机的气动转矩，单位为 $kN \cdot m$；T_{em} 为发电机电磁转矩，单位为 $kN \cdot m$。

气动转矩的大小 T_w 与风速的关系为

$$T_w = \frac{1}{2} \rho \pi r^3 v^2 C_p(\lambda, \beta) \tag{2.20}$$

由式（2.20）可知，当风速 v 发生变化时，风轮机转矩 T_w 跟随变化，发电机的转速也跟随变化，发电机的电磁转矩与风轮机的输出转矩达到动态平衡状态。

为了从风中获得最多的风能，必须对发电机的转速进行控制，得到最佳叶尖速比，从而获得最佳功率因数。由于风速的准确测量比较困难，且会提高系统的复杂性和成本，因此一般采用不需要测量风速的控制方法，可以将式（2.16）中的风能与风速的关系转换成机械功率与发电机转速的关系，如图 2.11（a）所示。

当风轮机运行在最佳叶尖速比 λ_{opt} 时，有一个最佳功率因数 $C_{p\text{-}opt}$ 与之对应，此时的输出功率也最大，则风轮机获得的最大功率与风速之间的关系可用下式表示：

$$P_{max} = \frac{1}{2} \rho \pi r^2 v^3 C_{p\text{-}opt} \tag{2.21}$$

在这种最佳条件下，发电机最佳转速 ω_g 与风速呈正比，见式（2.22），最大机械功率 P_{max} 和最佳转矩 T_{max} 分别由式（2.23）和式（2.24）给定，它们是风速 v 的函数，即

$$\omega_g = K_\omega v \tag{2.22}$$

$$P_{max} = K_p v^3 \tag{2.23}$$

$$T_{max} = K_t v^2 \tag{2.24}$$

K_ω、K_p 和 K_t 是由风轮特性决定的常数，将式（2.22）代入式（2.23）和式（2.24），可推导出

$$P_{max} = \frac{K_p}{K_\omega^3} \omega_g^3 = K_{p\text{-}opt} \omega_g^3 \tag{2.25}$$

$$T_{max} = \frac{K_t}{K_\omega^2} \omega_g^2 = K_{t\text{-}opt} \omega_g^2 \tag{2.26}$$

根据式（2.26），可得发电机转矩为

$$T_{em} = K_{t\text{-}opt} \omega_g^2 \tag{2.27}$$

由式（2.27）给定的最大功率点跟踪（MPTT）算法工作原理如下：当风速为 v_{w3} 时，发电机工作在最佳点 A，如图 2.11（b）所示，此时发电机转矩 T_{em} 和机械转矩 T_w 处于平衡状态；当风速增加到 v_{w2} 时，T_w 过渡到 B 点，T_{em} 仍维持在 A 点。由于发电机转矩 T_{em} 小于机械转矩 T_w，发电机速度将增加，T_{em} 沿着最佳曲线增加，风轮机转速下降，而 T_w 则降低；最后，它们将在 v_{w2} 的最佳转矩曲线的 C 点达到稳定状态。

风轮机转矩 T_w 沿着 $T_w = f(\omega_g)$ 移动，而发电机转矩 T_{em} 随发电机的转速根据式（2.27）进行控制，因此发电机转矩 T_{em} 沿着由发电机转速 ω_g 决定的最佳转矩曲线移动。当发电机电磁转矩 T_{em} 与风轮机的输出转矩 T_w 相等时，系统运行在静态平衡状态。由式（2.19）可知，当风速发生变化时，风轮机的输出转矩 T_w 与发电机电磁转矩 T_{em} 不停地跟随风速变化，最后达到一个动态平衡。若风轮机转矩 T_w 和发电机转矩 T_{em} 在任何给定的风速下都设定为

最佳值 T_{max}，则风轮运行在最大功率点，而不需要知道风速。

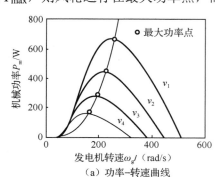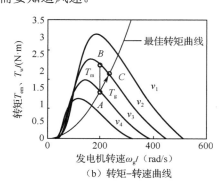

（a）功率–转速曲线　　　　　（b）转矩–转速曲线

图 2.11　风轮机特性

2.5.3　额定风速以上时发电机组的运行控制

根据式（2.16），从风中所获得的能量与风速的立方呈正比，但从风中获得的能量不能无限增加，在高风速状态下，能量的获取和风力发电机组的转速都必须考虑到机组的电气特性和物理特性的限制。为了防止电气装置被损坏，在高风速下，应限制发电机的输出功率，使之保持为发电机的恒定输出功率。为了防止机械部件被损坏，超过额定风速时就要采取措施，限制风轮机和发电机的转速，使其低于某个极限值，在超过切出风速时应该关停风轮机。

根据式（2.16），从风中所获得的能量也与风轮机的功率因数呈正比，因此，要限制额定风速以上风轮机的输出功率也可以通过控制功率因数来实现。由前述可知，风能功率 C_p 既是叶尖速比 λ 的函数，也是桨距角 β 的函数，因此有两种方法来控制风轮的功率因数，一是通过改变发电机转速来改变风轮的叶尖速比；二是改变桨距角以改变空气动力转矩。

实际上，变速风力发电机组在高于额定风速运行时，也可以将转速调节控制和桨距角控制结合起来使用，这样虽然增加了额外的桨距角调节机构，提高了控制系统的复杂性，但由于可以显著提高传动系统的柔性及输出的稳定性，被认为是变速风力发电机组理想的控制方案。

2.6　最大功率点跟踪控制策略

从前面的分析可知，要提高风能利用因数，就必须在风速变化时及时调整风轮机的速度，只有保持叶尖速比为最佳值，才能使风力发电机组运行在变速运行状态时捕获更多的能量。研究表明，当变速恒频风力发电机组采用最大功率点跟踪（MPPT）的控制策略时，所捕获到的功率比恒速恒频风力发电机组要高 9%～11%。下面将介绍各种最大功率点跟踪控制策略。

2.6.1　最佳叶尖速比控制

顾名思义，最佳叶尖速比控制（Tip Speed Ratio-TSR）就是当风速发生变化时，控制叶尖速比使之为最佳值，也就是在风速发生变化时，在线调整发电机转速，使其保持最佳叶尖速比不变。最佳叶尖速比法原理图如图 2.12 所示。这种方法虽然很直观，但需要测量风速和发电机的转速，因此必须用到转子位置传感器和风速传感器，这提高了控制系统的复杂性，而且要实时、准确地测量风速比较困难。

图 2.12　最佳叶尖速比法原理图

为了避免使用昂贵的风速传感器，可采用基于风速估计的最优叶尖速比法，即根据发电机的测量数据得到转速、转矩加速度和功率，实时估算各时刻的风速，再利用最佳叶尖速比法得到最大功率和发电机最优转速值，以实现最大功率点跟踪控制。

2.6.2　功率信号回馈控制

功率信号回馈控制（Power Signal Feed，PSF）的思想是：首先在各种可能的风速下对风轮机的运行特性进行测试，建立各个风速下风轮机输出功率与发电机转速之间的关系曲线，对应于某个风速，风轮机有一个最大输出功率（若将图 2.5 中的横坐标风速换成发电机转速，则可用图 2.5 来表示风轮机输出功率与发电机转速的关系曲线）；然后在实际运行的风力发电系统中，实时测量发电机转速，或采用无接触位置传感器估算发电机转速；再根据上述曲线得到一个最大功率设定值，即参考输出功率，对发电机功率进行调节，使发电机运行在最大功率曲线上。功率信号回馈法原理图如图 2.13 所示。采用这种方法的优点是不需要测量风速，省去了风速传感器，对转速的测量也可采用无接触位置传感器来实现。然而，使用这种方法需要事先通过仿真或试验测得风轮机本身的最佳功率曲线，这增加了功率反馈控制难度和实际应用的成本，而且采用离线试验方法获得的最大功率曲线在实际应用中的精确度难以保证。

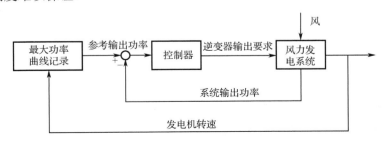

图 2.13　功率信号回馈法原理图

2.6.3　爬山搜寻控制

爬山搜寻控制的基本思想是：首先人为给系统施加一个转速扰动，然后根据测量到的功率变化情况，通过使用特定的推理机制自动搜寻发电机的最佳转速点，使发出的功率接近最大功率。这种控制方法与风轮的空气动力学特性无关，可以用软件来实现。

爬山搜寻法的原理图如图2.14所示，当风轮机的输出功率一直增加时，保持转速指令值增加的方向不变；当风轮机的输出功率减小时，原来转速指令值增加的方向就要反向。其中，路径①为风速增加时的情况，路径②为风速减小时的情况。爬山搜寻法流程图如图2.15所示，计算当前风轮机的输出功率$P(n)$，使之和上个控制周期的风轮机输出功率$P(n-1)$相比较，如果功率下降，那么将转速指令值的扰动值$\mathrm{d}\omega(n)$反号，否则，保持其符号不变；最后将当前的转速扰动值和上个控制周期的转速指令值相加就得到新的转速指令值。

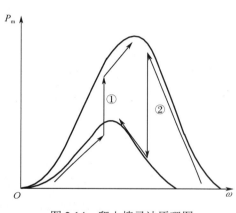

图2.14　爬山搜寻法原理图

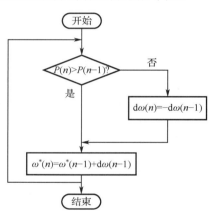

图2.15　爬山搜寻法流程图

2.6.4　改进的爬山搜寻控制

1. 变步长最大功率点跟踪控制

爬山搜寻控制采用固定的速度步长时会导致发电机转速产生波动，风速快速变化时发电机转速跟踪较慢。为了得到稳定的功率点跟踪，可采用变步长最大功率点跟踪控制法。最大功率跟踪控制的转速步长由下式给定：

$$\mathrm{d}\omega_\mathrm{g} = K_{\mathrm{MPPT}}(\mathrm{d}P_\mathrm{w}/\mathrm{d}\omega_\mathrm{g}) \tag{2.28}$$

式中，K_{MPPT}为转速步长调节系数；P_w为风轮机输出功率。考虑到发电机的机械时间恒定，为了避免发电机转速振动，转速步长的变化不能太大。

2. 三点比较法

三点比较法也是爬山搜寻控制的一种改进方法，它基于风轮机输出功率与转速的关系曲线，在某一特定风速的曲线上取3个不同点的输出功率进行比较，然后根据比较结果调节发电机的转速，从而达到实现最大功率跟踪控制的目的。该方法控制简单，容易实现，且避免了在最大功率点附近振动造成的功率损失。当系统保持在最大功率点时，转速指令不进行任何调整,当外部环境发生变化时再进行转速调整。该方法的缺点是风速的随机性会给系统的取点带来误差,甚至引起误操作,所以当风轮的惯性较小时,控制效果相对来说较好,否则较差。

3. 基于模糊逻辑的最大功率点跟踪控制

基于模糊逻辑的最大功率点跟踪控制实际上也是爬山搜寻控制的一种,它是利用智能控制的方法来改变转速步长的一种搜寻控制。模糊逻辑系统如图 2.16 所示,由最优转速模糊逻辑控制器 FLC 给出发电机转速参考。当风轮转速变化时,忽略轴系机械损耗变化量 ΔP_{m},当前某时刻发电机转速增量 $\Delta \omega_{\mathrm{g}}(n-1)$ 为正时,发电机定、转子总有功增量 ΔP_{e} 也为正,说明工作点正在靠近功率极值点,则新的转速参考增量 $\Delta \omega_{\mathrm{g}}(n)$ 继续保持原来的方向;如果 ΔP_{e} 为负,则说明工作点正在偏离功率极值点,这时新的转速参考增量 $\Delta \omega_{\mathrm{g}}(n)$ 为负,则需反方向搜索。

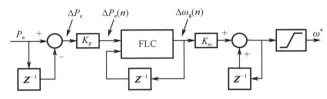

图 2.16　模糊逻辑系统

4. 其他特殊爬山搜寻控制

还有一种特殊的爬山搜寻法是占空比扰动观察法。它实际上是通过调整 PWM 信号占空比来调节功率变换器中斩波器的输入电阻,以实现发电机输入、输出特性和负载阻抗匹配,让发电机运行在最佳工作点,从而实现最大功率输出的目标。

正弦小信号扰动法又是一种特殊的占空比扰动观察法。它是在系统中注入随时间变化的小幅正弦波信号,将其和控制器输出信号进行重叠,从而得到斩波器占空比控制信号的方法。

2.6.5　最优转矩控制

最优转矩控制的思路是,当风速一定时,风力发电系统运行在最大功率点时发电机输出的电磁转矩为最优转矩。若能得到风轮机的转速和最优转矩的曲线,则通过转矩闭环控制可实现发电机电磁转矩实时跟踪最优曲线,由此使系统运行在最大功率点。该方法的缺点是需要事先知道风轮机的最优转矩曲线,还需要增加转矩传感器,将增加系统的成本。若使用转矩估算的方法,则会对发电机参数有很强的依赖性。

从以上分析可以看出,风力发电机组最大功率点跟踪控制方法较多,每种方法均存在不足之处,因此在选择时除需要考虑各种方法本身的特点外,还需要考虑各种控制系统的复杂性、实现的难易程度和经济成本、跟踪的速度和精度及应用领域等,可以将智能控制方法和传统的方法结合在一起,取长补短,以实现更好的跟踪效果。

2.7　本章小结

　　本章从风轮机的能量转换过程出发，阐述了风力发电的工作原理、风轮机的功率特性，分析了风轮机从风中捕获最大风能的原理，介绍了功率优化和功率限制两种风轮机功率控制方法，提出了风力发电机组的功率控制策略，最后较详细地介绍了最大功率点跟踪算法，为风力发电系统变换器控制策略做好了铺垫。

第3章　直驱风力发电系统的变流控制策略

3.1　直驱风力发电系统的构成与工作原理

直驱风力发电系统采用的全功率变换器拓扑结构主要有以下两种。

（1）发电机侧不可控整流器+boost升压斩波电路和网侧PWM逆变器，如图3.1所示。DC-DC boost 的引入是为了在低风速时增加直流环节的电压输出，否则系统将消耗较高的无功功率，引起电网电压波动。采用这种电路结构可以降低成本，但是它不具备四象限运行的能力，且由于发电机侧不可控整流导致机侧谐波增大会影响发电机的运行效率，因而在实际运行中受到很大的限制。

（2）背靠背式双 PWM 全功率变换器，如图 3.2 所示。同二极管不可控整流器相比，这种电路结构采用了 PWM 整流，因而发电机侧电流波形几乎是正弦波，从而降低了发电机的铜耗和铁耗。并且 PWM 整流器通过对变换器控制系统的控制，可以对电网的功率因数进行调节，这也是一种技术最先进、适应范围最广泛的方案，代表着目前的发展方向。它的缺点是价格比较昂贵，整流器损耗较大。

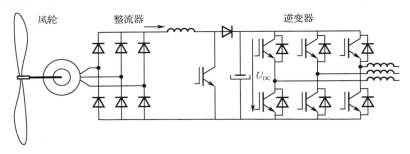

图 3.1　采用不可控整流器

图 3.2 所示的背靠背式双 PWM 变换器系统由风轮机、低速永磁同步发电机，PWM 整流器、中间直流环节和 PWM 逆变器组成。风轮机用来捕获风中的能量；永磁同步发电机将风轮机捕获的风能转换为幅值和频率交变的交流电能;PWM 整流器将发电机发出的交流电转化为直流电，直流储能环节用来存储整流后的直流电能，同时也可以吸收所连接逆变器的无功功率，使有功功率和无功功率在直流环两侧保持平衡；逆变器将直流电逆变成符合并网条件的交流电。采用双 PWM 变换器的优点是可以通过改变 PWM 调制深度来改变发电机的转速，以实现最大功率点跟踪，捕获更多的能量；同时，通过对 PWM 逆变器的有效控制实现单位功率因数能量传输。

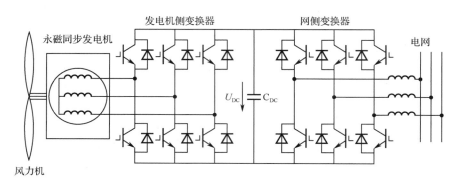

图 3.2　采用背靠背式双 PWM 全功率变换器

典型的直驱风力发电系统通常包括电气部分和机械部分。电气部分包括多极永磁同步发电机、变换器及其控制部分，机械部分由气动元件、无齿轮驱动链和桨距角控制器组成。同步发电机通过一个全功率变换器系统连接到电网上，变换器控制发电机的转速和流向电网的电功率。全功率变换器由两个背靠背式电压源变换器组成（网侧变换器和发电机侧变换器），它们由 IGBT 开关控制，并通过直流母线连接，直流环节就是一个能量储存装置。使用全功率变换器可以使发电机与电网隔离开来，发电机的转速可以随着风速的变化而变化，发电机的端电压和电气频率可以根据风轮机最佳转速来决定，与交流电网的固定电气频率和电压无关。

在直驱风力发电系统中，风轮机的转子是直接连接到发电机转轴上的，永磁体安装在发电机转子上，发电机定子可由几套绕组组成，发电机定子发出的电功率送给全功率变换器，变换器将变化的发电机电气频率转换成固定的电网频率。在变速风轮中，流向电网的功率由功率变换器来设定；而在定速风轮中，流向电网的功率取决于驱动风轮所获得的机械功率。

整个风力发电系统中的控制部分包括桨距角控制器和功率变换器控制器，两个控制器都用到发电机转速信号，如图 3.3 所示。这是一种新的变换器控制策略，发电机侧变换器控制发电机定子电压 U_s 和直流母线电压 U_{DC}，而网侧变换器根据风轮机的转速-功率控制特性，通过控制流入电网的功率来控制发电机转速。桨距控制器也控制发电机转子转速，但它只是在高风速时为了避免发电机和变换器的过载才起作用，这时通过增大桨距角、减小从风中捕获的机械功率，将发电机发出的电功率限制在额定功率附近。

永磁同步发电机通过一个背靠背式双 PWM 变换器连接到电网，只有有功功率传递到电网，无功功率不能通过直流环节在变换器中进行交换。然而，网侧变换器的电气频率和电压相对于电网是固定的，可以通过对它进行设定来控制电网的无功功率和电压，因此这种结构可以实现有功和无功功率控制。

电气频率 f_e 是风轮转子的机械频率 f_r 和发电机极对数 n_p 的乘积，即

$$f_e = f_r n_p \tag{3.1}$$

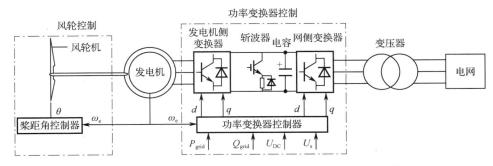

图 3.3　风力发电系统的控制系统结构

发电机转子的机械频率 f_m 与风轮机转子角速度 ω_w 有关，即

$$f_\mathrm{m} = \frac{\omega_\mathrm{w}}{2\pi} \tag{3.2}$$

对发电机进行控制的目的是调节发电机的转速以获得最佳叶尖速比，使风轮转子输出的机械功率最大，并发电机电压保持在一个理想的范围内。

3.2　直驱风力发电系统的控制策略

带全功率变换器的直驱风力发电控制系统在正常运行时实现的目标如下：

（1）低风速时跟踪最大功率运行点。

（2）高风速时限制功率。

（3）维持直流母线电压恒定。

（4）保证网侧输入电流呈正弦波形，运行在单位功率因数下。

（5）稳定、有效地抑制存在于风轮驱动链中的振荡。

变换器的控制借助于两个控制器来实现：发电机侧变换器控制器和网侧变换器控制器。

变换器的控制参数有 4 个：有功功率、无功功率、直流母线电压和发电机定子交流电压。变换器的控制可以使用不同的控制策略实现，分别有各自的优点和缺点。

（1）控制策略 1（传统控制策略）：发电机侧变换器实现对永磁同步发电机的无功、有功功率的解耦控制，网侧变换器实现输出并网，输出有功、无功功率的解耦控制和直流侧电压控制，这是传统的控制方式。

（2）控制策略 2（新型控制策略）：发电机侧变换器控制发电机定子电压 U_s 和保持直流母线电压 U_DC 恒定，而网侧变换器通过矢量变换控制分别对流向电网的有功功率和无功功率进行解耦控制，如图 3.4 所示。阻尼控制器用来抑制振荡时给发电机侧变换器提供直流母线参考电压。风力发电机组追踪最大风能捕获是通过网侧变换器来实现的。风力发电机组是通过背靠背式全功率变换器与电网相连的，当发生电网故障时，可以继续利用发电机侧变换器对直流母线电压和发电机定子电压进行控制，以维持直流母线电压恒定，确保将来自发电机端的功率传送到电网端。因此，采用这种控制策略使直驱风力发电系统具有一定的电网故障容错能力。下面分别对两种控制策略进行研究。

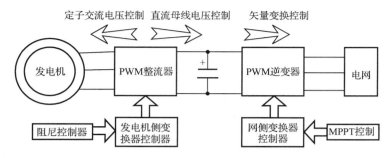

图 3.4　风轮机功率变换器控制系统结构

3.2.1　变换器控制策略 1（传统控制策略）

1. 发电机侧变换器控制

在双 PWM 直驱风力发电系统变换器控制策略 1 中，发电机侧变换器实现对永磁同步发电机的有功、无功功率的解耦控制，即通过对发电机侧变换器采用 d、q 轴解耦的转子磁链定向控制来实现风力发电机组追踪最大风能捕获的变速恒频运行。故采用在旋转坐标系 dq 下的矢量控制法产生相应的直轴、交轴电压矢量 u_{sd}、u_{sq} 及电气频率 f_e，从而控制发电机转速。

永磁同步发电机一相等效电路如图 3.5（a）所示。

通常假设同步发电机转子中的磁场分布是呈正弦曲线的，因此磁链可以通过一个矢量来描述。对于永磁同步发电机，永磁磁场在定子绕组中感应的电压的幅值可表示为

$$|\boldsymbol{E}_s| = \omega_e \psi_f = 2\pi f_e \psi_f \tag{3.3}$$

式中，ω_e 是电气角频率；ψ_f 是转子永磁体在定子中所产生的磁链的幅值；感应电压的幅值 $|\boldsymbol{E}_s|$ 与发电机的电气频率呈正比。

定子绕组中的电流会引起损耗和电压降，这两个电磁现象都用电阻 R_a 来表示。定子电流 I_s 除产生一个阻性压降外，还会产生一个磁场，这个磁场叠加到永磁体产生的磁场中。因此，永磁同步发电机定子端电压 U_s 相当于由总的磁场引起的电压。根据定子电流的相延时性，发电机总的磁通量随着电流的变化有可能增加，也有可能减小，这个电磁效应可用模型中的同步电抗 X_s 来表示。多极同步发电机的定子电抗相对电阻来说较高，因此，除了进行效率计算，电阻通常可以忽略不计。

多极永磁风力发电机应用在低速场合，发电机的极数很多，不能像传统的同步发电机那样在转子铁芯中采用阻尼绕组。另外，由于采用永磁励磁，转子上没有励磁绕组，不会产生瞬态电流或阻尼作用，也不会像绕线转子同步发电机那样，存在瞬态电抗和次瞬态电抗。因此，负载变化的时候，也不存在励磁绕组产生的阻尼作用，即

$$x_d = x_d' = x_d'' \tag{3.4}$$

$$x_q = x_q' = x_q'' \tag{3.5}$$

式中，x_d、x_q 分别为直轴、交轴同步电抗；x_d'，x_q' 分别为直轴、交轴瞬态电抗；x_d''、x_q'' 分别为直轴、交轴次瞬态电抗。

多极发电机应用在低速场合，动态响应慢，有没有阻尼绕组影响并不大。尽管如此，为了改善风力发电系统的性能，还是可以通过变换器的控制来获得阻尼性能。

感应电动势 E_s 和定子电压 U_s 之间的夹角为负载角 δ，E_s、U_s 和 I_s 之间的关系表示在图 3.5（b）中。

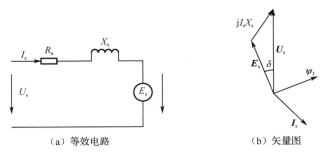

（a）等效电路　　　　　　　　　　（b）矢量图

图 3.5　永磁同步发电机一相等效电路和矢量图

当 $|E_s|<|U_s|$ 时，说明发电机处于欠励运行状态，反之则处于过励运行状态。电励磁发电机通常控制在无功中性点，则变换器的额定容量只需要等于有功功率大小。永磁发电机的励磁是固定的，通常工作在欠励，即变换器要向发电机提供无功功率，因此变换器容量稍大。同步发电机的有功功率 P_{gen} 和无功功率 Q_{gen} 可以用 E_s、U_s 和负载角 δ 推出，即

$$P_{gen} = \frac{|U_s||E_s|}{X_s} \sin\delta \tag{3.6}$$

$$Q_{gen} = \frac{|U_s||E_s|}{X_s} \cos\delta - \frac{|U_s|^2}{X_s} \tag{3.7}$$

若输入机械功率增加，即负载角 δ（U_s 和 E_s 之间的相位移）增加，则输出的电功率也增加，$\delta=90°$ 时达到最大。若负载角和电压大小可控，则变换器能够产生或吸收有功和无功功率。

发电机特性与正常运行和故障运行时变换器的控制密切相关。变换器控制通常使用矢量控制技术，可以对有功功率和无功功率进行解耦控制。控制的思路是使用基于磁链或电压定向的旋转参考坐标系，将电流投影在坐标轴上，通常将投影电流称为对应电流的 d 轴或 q 轴分量。适当地选择参考坐标系，对交流电流的控制就如同对稳态直流发电机的控制那样简单。对于基于磁链定向的旋转坐标系，q 轴分量的变化将引起有功功率变化，d 轴分量的变化将引起无功功率变化；对于电压定向的旋转坐标系（超前磁链定向 $90°$ 的坐标系），则相反。为了对永磁同步发电机的有功、无功功率实现解耦控制，采用永磁同步发电机转子磁场定向，即将转子磁链方向定为旋转坐标系的 d 轴方向，则 d 轴与转子磁链 ψ_f 方向相同，将静止坐标系中的 α 轴与定子 a 相绕组的法线对齐，则空载电势 E_s 与 q 轴重合。由此可以得到永磁同步发电机在 $\alpha\beta$ 坐标系和 dq 坐标系中的矢量图，如图 3.6 所示，图中的 θ_r 为转子位置角，$\theta_r=\omega_e t$。

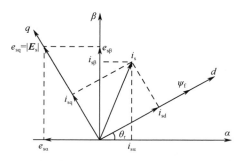

图 3.6　$\alpha\beta$ 坐标系和 dq 坐标系中的永磁同步发电机矢量图

　　利用没有阻尼绕组这个特点可对同步发电机的电压方程进行简化,可以直接用直流励磁的同步发电机的方程来表示。在转子磁场定向的 dq 坐标系(d 轴与永磁磁链矢量对齐)中,发电机的电压方程可表示为

$$\begin{cases} u_{sd} = \dfrac{\mathrm{d}\psi_{sd}}{\mathrm{d}t} + R_a i_{sd} - \omega_e \psi_{sq} \\[2mm] u_{sq} = \dfrac{\mathrm{d}\psi_{sd}}{\mathrm{d}t} + R_a i_{sq} + \omega_e \psi_{sd} \end{cases} \tag{3.8}$$

定子磁链分量为

$$\begin{cases} \psi_{sd} = L_{sd} i_{sd} + \psi_f \\[2mm] \psi_{sq} = L_{sq} i_{sq} \end{cases} \tag{3.9}$$

式中, R_a 为永磁同步发电机每相绕组的电阻; L_{sd} 、 L_{sq} 分别为同步发电机定子电感的 d 轴和 q 轴分量; ψ_{sd} 、 ψ_{sq} 分别为定子绕组磁链的 d 轴和 q 轴分量; u_{sd} 、 u_{Sq} 分别为同步发电机直轴电压和交轴电压分量; i_{sd} 、 i_{sq} 分别为直轴电流和交轴电流分量。其中,空载电势 E_s 满足关系 $|E_s| = \omega_e \psi_f$ 。

　　永磁同步发电机在旋转坐标系中的等效电路如图 3.7 所示。

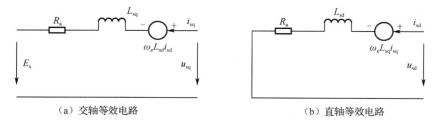

　　　　（a）交轴等效电路　　　　　　　　　　　　　　（b）直轴等效电路

图 3.7　永磁同步发电机在旋转坐标系中的等效电路

　　在研究转子磁场定向的坐标系 dq 中,发电机的稳态运行时,定子瞬态可以忽略,定子电压方程简化为:

$$\begin{cases} u_{sd} = R_a i_{sd} - \omega_e \psi_{sq} \\[2mm] u_{sq} = R_a i_{sq} + \omega_e \psi_{sd} \end{cases} \tag{3.10}$$

永磁同步发电机电磁转矩为

$$T_{em} = \frac{3}{2} n_p (\psi_{sd} i_{sq} - \psi_{sq} i_{sd}) \tag{3.11}$$

联立式（3.9）和式（3.11），电磁转矩 T_{em} 用定子磁链表示为

$$T_{em} = \frac{3}{2} n_p [(L_{sd} - L_{sq}) i_{sd} i_{sq} - \psi_f i_{sq}] \tag{3.12}$$

式中，n_p 为发电机的极对数。

同步发电机的有功和无功功率可以表示为

$$P_{gen} = \frac{3}{2} (u_{sd} i_{sd} + u_{sq} i_{sq}) \tag{3.13}$$

$$Q_{gen} = \frac{3}{2} (u_{sq} i_{sd} - u_{sd} i_{sq}) \tag{3.14}$$

设转子磁链 ψ_f，同步发电机定子的同步电感 L_{sd}、L_{sq} 恒定，将磁链方程式（3.9）代入发电机的电压方程式（3.8），可得到永磁同步电机电流方程

$$\begin{cases} L_{sd} \dfrac{di_{sd}}{dt} = u_{sd} - R_a i_{sd} + \omega_e L_{sq} i_{sq} \\ L_{sq} \dfrac{di_{sq}}{dt} = u_{sq} - R_a i_{sq} - \omega_e L_{sd} i_{sd} - \omega_e \psi_f \end{cases} \tag{3.15}$$

或

$$\begin{cases} u_{sd} = R_a i_{sd} - \omega_e L_{sq} i_{sq} + \dot{\psi}_{sd} \\ u_{sq} = R_a i_{sq} + \omega_e L_{sd} i_{sd} - \omega_e \psi_f + \dot{\psi}_{sq} \end{cases} \tag{3.16}$$

若发电机和变换器之间没有无功功率交换，d 轴电流分量与无功功率相关，则设 d 轴电流参考值 $i_{sd}^*=0$；因 q 轴电流分量反映了转矩的大小，转矩指令电流 i_{sq}^* 由 q 轴速度控制器得到。将 $i_{sd}=0$ 代入式（3.12），则电磁转矩方程变为

$$T_{em} = \frac{3}{2} n_p \psi_f i_{sq} \tag{3.17}$$

一般情况下，可以认为转子磁链是不变的，因为转子采用永磁体励磁，所以由式（3.17）可以看出，电磁转矩 T_{em} 与发电机的交轴电流 i_{sq} 呈正比，这是设定 d 轴电流参考值 $i_{sd}=0$ 的缘故，这也体现了 $i_{sd}=0$ 控制策略的优点。由于电磁转矩 T_{em} 与 i_{sq} 呈线性关系，在已知电磁转矩参考值 T_{em}^* 的前提下，就可以很容易得出交轴电流 i_{sq} 的参考值。故同步发电机的直轴和交轴电流参考值 i_{sd}^* 和 i_{sq}^* 可根据式（3.18）计算出来，这使发电机的转矩控制环变得比较简单。

$$\begin{cases} i_{sd}^* = 0 \\ i_{sq}^* = \dfrac{3 T_{em}^*}{2 n_p \psi_f} \end{cases} \tag{3.18}$$

由式（3.15）可知，d 轴和 q 轴之间存在耦合项 $\omega L_{sd} i_{sd}$ 和 $\omega L_{sq} i_{sq}$，为了消除 d 轴和 q 轴电流之间的耦合，设计出两个单独的电流控制器，通过如图 3.8 所示的解耦控制器来实现。分别将直轴和交轴电压 u_{sd}、u_{sq} 分解成两部分，一部分是 u_{sd}' 和 u_{sq}'，由 PI 电流控制器输出，

$u'_{sd} = R_s i_{sd} + \psi_{sd}$，$u'_{sq} = R_s i_{sq} + \psi_{sq}$；另一部分是 u_{sddec} 和 u_{sqdec}，可以利用解耦控制器得到，如图 3.8 所示，$u_{sddec} = -\omega_e L_{sq} i_{sq}$，$u_{sqdec} = \omega_e L_{sd} i_{sd} + \omega_e \psi_f$。

控制整流器所需的直、交轴电压 u'_{sd} 和 u'_{sq} 分别由两个电流控制的比例积分器（PI）得到，电流控制器的一个输入是直轴分量 i_{sd}，另一个输入是交轴电流分量 i_{sq}。根据式（3.15）得到发电机定子绕组的传递函数

$$F_1(s) = \frac{I_{sd}(s)}{U'_{sd}(s)} = \frac{1}{R_a + L_{sd}s} \tag{3.19}$$

$$F_2(s) = \frac{I_{sq}(s)}{U'_{sq}(s)} = \frac{1}{R_a + L_{sq}s} \tag{3.20}$$

式中，s 为拉普拉斯算子。

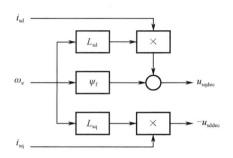

图 3.8　发电机直、交轴电流控制器的解耦

为了改善动态响应，在 u'_{sd} 和 u'_{sq} 上分别加动态补偿量 $u_{sddec} = -\omega_e L_{sq} i_{sq}$ 和 $u_{sqdec} = \omega_e L_{sd} i_{sd} + \omega_e \psi_f$，即利用解耦装置得到的电压分量。使用空间矢量调制（SVM）来产生功率变换器的开关信号。图 3.9 所示为发电机侧变换器的控制原理图。

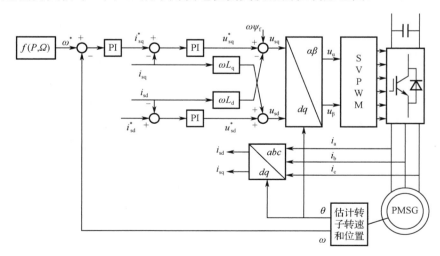

图 3.9　发电机侧变换器控制原理图

根据式（3.17），交轴电流的参考值 i^*_{sq} 可根据发电机的转矩来确定，它们之间呈线性关系。风力发电系统为了从变化的风速中捕获到最大的风能，必须在风速变化时保持最佳

叶尖速比不变，因此发电机的转速也必须跟随风速而改变。由式（2.7）可知，发电机的转速是由风轮机的气动转矩和发电机的电磁转矩共同决定的，风轮机的转矩是由风速决定的，因此只要控制好发电机的电磁转矩就可以控制发电机的转速。而发电机的转速与发电机的功率呈正比，因此根据发电机输出的电功率就可以改变发电机的转速。为了避免测量风速，这里使用功率信号回馈的控制方法（参见第 2 章），即根据事先用试验或仿真方法得到的风电场特性及所选用发电机的运行特性 $f(P,\omega_g)$，根据发电机的输出功率，选择相对应的发电机转速，就可以得到恒定的最佳叶尖速比。

为了验证直驱风力发电系统发电机侧变换器的运行与控制性能，在 Matlab/Simulink 环境下进行了仿真研究。根据上述数学模型和控制策略得到发电机侧 PWM 变换器仿真模型，如图 3.10 所示。表 3.1 列出了风轮机与永磁同步发电机的仿真参数。在变速恒频风力发电系统中，功率因数的调节一般在网侧实现，可通过给定无功电流参考或增加无功功率环来实现。为了便于对本节提出的两种控制策略进行分析比较，这里只考虑功率因数为 1 的情况，发电机和功率变换器的额定容量均为 2MW。为了提高响应速度，参考功率给定为阶跃信号，仿真时间为 1s，仿真步长取 10^{-5}s，载波频率取 10kHz。

在发电机侧变换器控制策略中得到的发电机电磁转矩、发电机功率、发电机机械角速度、发电机定子电流和 d、q 轴电流的仿真波形如图 3.11 所示。由于在发电机侧控制功率，且功率信号为阶跃响应，因此在系统启动瞬间，速度环的 PI 调节器立刻到达负的饱和状态，电流输出负的最大值；当实际功率接近参考功率时，PI 调节器退出饱和状态，电流恢复正常输出值，稳定后的定子电流正弦性很好。仿真结果证明了上述发电机侧变换器控制策略的正确性。

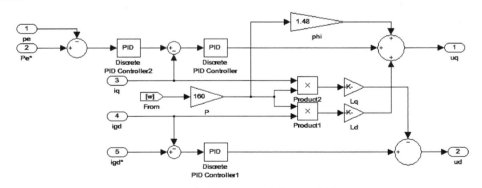

图 3.10　发电机侧 PWM 变换器仿真模型

表 3.1　风轮机与永磁同步发电机的仿真参数

风轮机变量	值	发电机变量	值
空气密度	1.61kg/m³	定子相电阻	0.004054Ω
风速	11.5m/s	d 轴电感	0.3e-3H
桨叶桨距角	0	q 轴电感	0.3e-3H
桨叶半径	35.3m	转动惯量	3500kg·m²

续表

风轮机变量	值	发电机变量	值
—	—	转子磁链	1.48Wb
—	—	极对数	160
—	—	滑差系数	0.3N·m·s

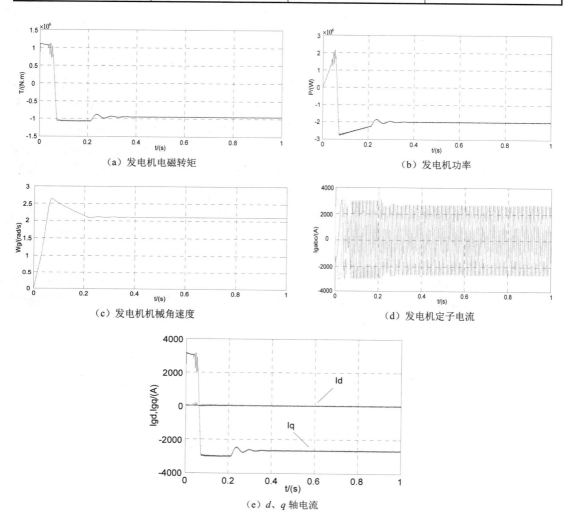

（a）发电机电磁转矩　　　　　　　　　　　（b）发电机功率

（c）发电机机械角速度　　　　　　　　　　（d）发电机定子电流

（e）d、q 轴电流

图 3.11　传统控制策略中得到的发电机侧仿真波形

上述控制策略假设 d 轴电流参考值 $i_{sd}^*=0$，这不能保证发电机的铜耗是最小的。若通过对定子电流矢量进行最佳控制而得到最大转矩/电流比控制和最大功率输出控制，则可以使发电机的铜耗最小，但一般不能保证效率是最优的，因为没有计及铁芯损耗。为了考虑铁耗，在等效电路中加上一个等效电阻 R_c，考虑铁耗后的永磁同步发电机等效电路如图 3.12 所示。

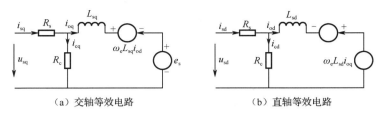

　　（a）交轴等效电路　　　　　　　　　　　　　（b）直轴等效电路

图 3.12　考虑铁耗后的永磁同步发电机等效电路图

　　图 3.12 中的 i_{cd}、i_{cq} 分别为直轴和交轴电流铁耗分量；i_{od}、i_{oq} 分别为直轴和交轴电流的有功分量。发电机中的损耗主要为绕组中电流基波分量引起的铜耗（W_{Cu}）和由气隙磁通基波分量在铁芯叠片中引起的铁耗（W_{Fe}）之和，分别为

$$W_{Cu}(i_{od},i_{oq},\omega_e)=\frac{3}{2}R_s(i_{sd}^2+i_{sq}^2)$$
$$=\frac{3}{2}R_s\left[\left(i_{od}-\frac{\omega_e L_{sd}i_{oq}}{R_c}\right)^2+\left(i_{oq}-\frac{\omega_e\left(\psi_f-L_{sq}i_{od}\right)}{R_c}\right)^2\right] \qquad (3.21)$$

$$W_{Fe}(i_{od},i_{oq},\omega)=\frac{3}{2}R_c(i_{cd}^2+i_{cq}^2)$$
$$=\frac{3}{2}\frac{\omega_e^2}{R_c}[(L_{sd}i_{oq})^2+(-\psi_f+L_{sq}i_{od})^2] \qquad (3.22)$$

总电气损耗为

$$W_C(i_{od},i_{oq},\omega_e)=W_{Cu}+W_{Fe} \qquad (3.23)$$

结合电磁转矩表达式

$$T_e=\frac{3}{2}n_p[\psi_f i_{oq}+(L_{sd}-L_{sq})i_{od}i_{oq}] \qquad (3.24)$$

得到用 T_e、i_{od} 和 ω_e 表示的功率损耗表达式

$$W_C(i_{od},T_e,\omega_e)=W_{Cu}(i_{od},T_e,\omega_e)+W_{Fe}(i_{od},T_e,\omega_e) \qquad (3.25)$$

　　由式（3.25）可知，T_e 和 ω_e 一定时，总电气损耗只与 i_{od} 值有关，因此通过控制 i_{od} 值可使损耗降到最低。使损耗最低的 i_{od} 值可通过解析法对式（3.25）进行微分计算得出。

2．网侧变换器控制

　　在变换器控制策略 1 中，网侧变换器控制直流侧母线电压保持恒定，同时对输入电网的有功、无功功率实现解耦控制。网侧变换器的控制目标是：输出的直流电压 U_{DC} 恒定，且网侧功率因数可调，并可在单位功率因数下运行。为了分析网侧变换器的控制策略，首先要建立变换器的数学模型。

　　针对三相电压型 PWM 变换器一般数学模型的建立，通常做如下假设：

　　（1）电网电动势为三相平稳的纯正弦波电动势，对称且稳定。

　　（2）网侧滤波器电感 L 是线性的，且不考虑饱和。

　　（3）功率开关管的损耗以电阻表示，开关器件为理想开关。

（4）为描述能量的双向传输，直流侧负载由电阻 R_L 和直流电动势 e_L 串联表示。

三相 PWM 变换器等效电路如图 3.13 所示。根据等效电路图可建立带开关函数的 PWM 变换器数学模型。

根据基尔霍夫电压第一定律（KVL），对图 3.12 中的 a 相回路列电压方程，可得

$$L\frac{\mathrm{d}i_a}{\mathrm{d}t} + Ri_a = e_a - (u_{aN} + u_{NO}) \tag{3.26}$$

式中，$R = R_L + R_g$，R_g 为功率开关管损耗等效电阻，R_L 为交流侧滤波电感 L 的等效电阻。

变换器相电压与功率开关管的通断情况有关。当 a 相桥臂上功率管导通、下功率管关断时，$s_a = 1$，$u_{aN} = U_{DC}$；反之，$s_a = 0$，$u_{aN} = 0$。因此得到 $u_{aN} = s_a U_{DC}$。

为了用开关函数来定义变换器的数学模型，对开关函数 s_k 定义如下：

$$s_k = \begin{cases} 1 & \text{上桥臂开通，下桥臂关断} \\ 0 & \text{下桥臂开通，上桥臂关断} \end{cases} \quad (k = a, b, c) \tag{3.27}$$

则式（3.26）可变成

$$L\frac{\mathrm{d}i_a}{\mathrm{d}t} + Ri_a = e_a - (s_a u_{DC} + u_{NO}) \tag{3.28}$$

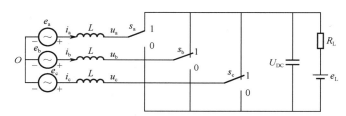

图 3.13　三相 PWM 变换器等效电路

同理可得 b 相、c 相的回路电压方程。

对图 3.13 中的电容正节点应用基尔霍夫电流定律（KCL），得到

$$C\frac{\mathrm{d}U_{DC}}{\mathrm{d}t} = i_a s_a + i_b s_b + i_c s_c - \frac{U_{DC} - e_L}{R_L} \tag{3.29}$$

可得在静止坐标系中的 PWM 变换器的一般数学模型

$$\begin{cases} e_a - L\frac{\mathrm{d}i_a}{\mathrm{d}t} - Ri_a - s_a U_{DC} = u_{NO} \\ e_b - L\frac{\mathrm{d}i_b}{\mathrm{d}t} - Ri_b - s_b U_{DC} = u_{NO} \\ e_c - L\frac{\mathrm{d}i_c}{\mathrm{d}t} - Ri_c - s_c U_{DC} = u_{NO} \\ C\frac{\mathrm{d}U_{DC}}{\mathrm{d}t} = i_a s_a + i_b s_b + i_c s_c - \frac{U_{DC} - e_L}{R_L} \end{cases} \tag{3.30}$$

再将式（3.30）变换到坐标系 dq，得到的数学模型为

$$\begin{bmatrix} \dfrac{\mathrm{d}i_{\mathrm{gd}}}{\mathrm{d}t} \\ \dfrac{\mathrm{d}i_{\mathrm{gq}}}{\mathrm{d}t} \\ \dfrac{\mathrm{d}u_{\mathrm{DC}}}{\mathrm{d}t} \end{bmatrix} = \begin{bmatrix} -\dfrac{R}{L} & \omega & -\dfrac{S_{\mathrm{d}}}{L} \\ -\omega & -\dfrac{R}{L} & -\dfrac{S_{\mathrm{q}}}{L} \\ \dfrac{3S_{\mathrm{d}}}{2C} & \dfrac{3S_{\mathrm{q}}}{2C} & 0 \end{bmatrix} \begin{bmatrix} i_{\mathrm{gd}} \\ i_{\mathrm{gq}} \\ u_{\mathrm{DC}} \end{bmatrix} + \begin{bmatrix} \dfrac{1}{L} & 0 & 0 \\ 0 & \dfrac{1}{L} & 0 \\ 0 & 0 & -\dfrac{1}{C} \end{bmatrix} \begin{bmatrix} e_{\mathrm{d}} \\ e_{\mathrm{q}} \\ i_{\mathrm{load}} \end{bmatrix} \tag{3.31}$$

式中，S_{d}、S_{q} 分别是开关函数 s_{k} 变换到坐标系 dq 中的 d、q 轴的开关函数；e_{d}、e_{q} 分别为电网电压的直轴和交轴分量；i_{gd}、i_{gq} 分别为变换器流入电网的直轴和交轴电流分量。由此可得坐标系 dq 中三相 PWM 变换器的输入电流方程

$$\begin{cases} L\dfrac{\mathrm{d}i_{\mathrm{gd}}}{\mathrm{d}t} = -Ri_{\mathrm{gd}} + \omega Li_{\mathrm{gq}} + e_{\mathrm{d}} - S_{\mathrm{d}}U_{\mathrm{DC}} \\ L\dfrac{\mathrm{d}i_{\mathrm{gq}}}{\mathrm{d}t} = -Ri_{\mathrm{gq}} + \omega Li_{\mathrm{gd}} + e_{\mathrm{q}} - S_{\mathrm{q}}U_{\mathrm{DC}} \end{cases} \tag{3.32}$$

设变换器交流侧输出电压的直轴、交轴分量分别为

$$\begin{cases} u_{\mathrm{gd}} = S_{\mathrm{d}}U_{\mathrm{DC}} \\ u_{\mathrm{gq}} = S_{\mathrm{q}}U_{\mathrm{DC}} \end{cases} \tag{3.33}$$

代入式（3.32）可得网侧逆变器的动态模型

$$\begin{cases} L\dfrac{\mathrm{d}i_{\mathrm{gd}}}{\mathrm{d}t} = -Ri_{\mathrm{gd}} + \omega Li_{\mathrm{gq}} + e_{\mathrm{d}} - u_{\mathrm{gd}} \\ L\dfrac{\mathrm{d}i_{\mathrm{gq}}}{\mathrm{d}t} = -Ri_{\mathrm{gq}} + \omega Li_{\mathrm{gd}} + e_{\mathrm{q}} - u_{\mathrm{gq}} \end{cases} \tag{3.34}$$

在网侧变换器控制策略中，采用电网电压定向，即将电网电压矢量 $\boldsymbol{E}$ 与旋转坐标系的 d 轴重合，则直轴和交轴的电网电压分量分别为

$$\begin{cases} e_{\mathrm{d}} = e \\ e_{\mathrm{q}} = 0 \end{cases} \tag{3.35}$$

由此得到在 dq 坐标系中从网侧变换器输送到电网的有功功率 P_{g} 和无功功率 Q_{g} 为

$$\begin{cases} P_{\mathrm{g}} = \dfrac{3}{2}(e_{\mathrm{d}}i_{\mathrm{gd}} + e_{\mathrm{q}}i_{\mathrm{gq}}) = \dfrac{3}{2}e_{\mathrm{d}}i_{\mathrm{gd}} \\ Q_{\mathrm{g}} = \dfrac{3}{2}(e_{\mathrm{q}}i_{\mathrm{gd}} - e_{\mathrm{d}}i_{\mathrm{gq}}) = -\dfrac{3}{2}e_{\mathrm{d}}i_{\mathrm{gq}} \end{cases} \tag{3.36}$$

式（3.36）表明，变换器采用电网电压定向控制策略时，电流矢量的直、交轴分量 i_{gd}、i_{gq} 分别与变换器的有功电流分量和无功电流分量相对应。因此，通过控制直轴和交轴电流分量 i_{gd}、i_{gq} 就可以实现并网的有功和无功功率的解耦控制。

变换器输入到电网的有功功率与直流电压的大小有关，因此用电压调节器的输出作为直轴电流分量（有功电流）i_{d} 的给定值对直流侧电容电压进行控制。

由式（3.34）可以看出，直轴电流和交轴电流之间也存在耦合项 ωLi_{gq} 和 ωLi_{gd}，采用电网电压定向控制策略后，还存在电网电压直轴分量 e_{d} 的干扰，这些耦合和干扰对控制系

统的动态性能会产生很大的影响，也增加了控制系统的复杂性。为了消除直轴电流与交轴电流之间的耦合，与发电机侧变换器控制一样，采用解耦控制器来实现，即引入两个解耦项 $\omega L i_{\mathrm{gq}}$ 和 $\omega L i_{\mathrm{gd}}$ 实现解耦，同时引入电网扰动电压 e_{d} 作为前馈补偿，以消除电网电压的干扰，最终实现对直轴和交轴电流的独立控制。

因此，可将直轴电压和交轴电压 u_{gd}、u_{gq} 分别分解成三个分量：一个为 u'_{gd} 和 u'_{gq}，由 PI 控制器输出，$u'_{\mathrm{gd}} = R i_{\mathrm{gd}} + \psi_{\mathrm{gd}}$，$u'_{\mathrm{gq}} = R i_{\mathrm{gq}} + \psi_{\mathrm{gq}}$；一个为利用解耦装置得到的 u_{gddec} 和 u_{gqdec}，$u_{\mathrm{gddec}} = -\omega L i_{\mathrm{gq}}$，$u_{\mathrm{gqdec}} = \omega L i_{\mathrm{gd}}$；另一个为电网扰动量 e_{d}。

网侧变换器的控制和发电机侧的变换器的控制比较类似，分别采用电压外环和电流内环来控制并网的有功和无功功率。电压外环采用 PI 调节器，用直流电压误差作为其输入，输出信号作为电流内环直轴电流的给定值 i_{gd}^{*}。电流内环采用电压矢量控制方法，产生合成的 SPWM 信号，调节逆变器输出三相电压基波的相位和幅值，使逆变器输出电感上的电压相量垂直于电网电压相量，从而使电流和电网电压相位一致，功率因数接近于 1。

网侧变换器控制框图如图 3.14 所示。若要使系统运行在单位功率因数下，令 $i_{\mathrm{gq}}^{*}=0$ 即可。

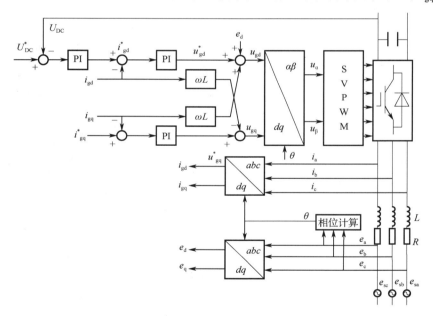

图 3.14　网侧变换器控制框图

为了验证网侧 PWM 变换器控制策略的正确性，在 MATLAB/SIMULINK 环境下对网侧变换器系统进行了仿真。图 3.15 所示为网侧 PWM 变换器控制仿真模型，表 3.2 为网侧变换器仿真时的参数，变换器额定功率 $P_{\mathrm{N}}=2\mathrm{MW}$。同样假定系统运行在额定功率和单位功率因数下，为了减少对直流母线电容的冲击，直流母线电压参考给定为斜坡信号。由于 PWM 变换器的功率器件为带有反向二极管的 IGBT，当网侧 PWM 变换器与电网连接时，二极管的反向导通作用使得直流母线电容上累积不可控整流电压，大小为电网线电压的峰值。

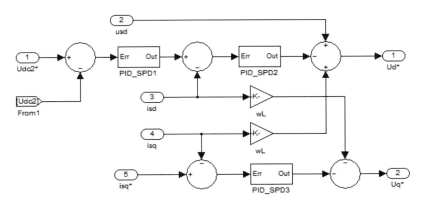

图 3.15　网侧 PWM 变换器功率控制策略仿真模型

表 3.2　变换器主回路的仿真参数

主回路参数	值
直流母线电容 C_{DC}	3.76mF
直流母线电压	1200V
LCL 回路网侧电感 L_g	0.04mH
LCL 回路滤波电容 C_f	40μF
LCL 回路变换器侧电感 L_1	0.1mH
阻尼电阻 R_d	0.1Ω

进行网侧 PWM 变换器控制仿真时，载频取 9.09kHz，PWM 变换器并网相电流、有功功率与无功功率、直流母线电压波形和网侧 d、q 轴电流波形如图 3.16 所示。在系统启动瞬间，由于机侧能量先反向流动再正向流动，因此导致并网相电流的超调和波动较大，不仅电流出现了双向流动的现象，有功功率也同样出现了双向流动，但稳定后的相电流正弦性很好，有功功率在 1.72MW 上下波动，波动范围达 0.125MW，无功功率几乎为零。直流母线电压的稳定时间为 0.32s 左右，稳定前波动较大，超调也较大，但稳定后波动较小，波动范围不超过 10V。网侧 q 轴电流为 0，变换器运行在单位功率因数下。仿真结果表明了网侧控制策略的正确性。

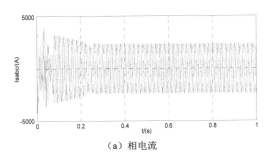

（a）相电流

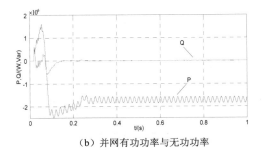

（b）并网有功功率与无功功率

图 3.16　传统控制策略中网侧仿真波形

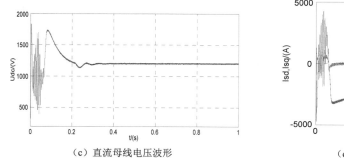
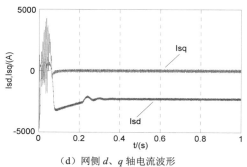

（c）直流母线电压波形 　　　　　（d）网侧 d、q 轴电流波形

图 3.16　传统控制策略中网侧仿真波形（续）

3.2.2　变换器控制策略 2（新型控制策略）

在变换器控制策略 2 中，发电机侧变换器控制发电机定子电压 U_s 和直流母线电压 U_{DC} 恒定，而网侧变换器分别控制流向电网的有功功率 P_g 和无功功率 Q_g，如图 3.17 所示。直驱风力发电系统的控制包括两大部分：桨距角控制系统和功率变换器控制系统。

发电机侧变换器的控制策略通常有以下两种。

（1）发电机定子电压 U_s 设为额定值。它提供了发电机电压波动的健壮性控制，使 U_s/U_{DC} 保持在一个合理可控的范围内，避免了变换器过电压的危险和过速时变换器的饱和。这个控制策略的缺点是发电机的无功功率需求是变化的，这个变化的无功功率必须由功率变换器来传递，因此增加了功率变换器的额定容量。

（2）发电机无功功率设为零。它表示定子电压可以是变化的，损耗和变换器的额定电流可以小一些，但可能导致过电电压和引起变换器的饱和。

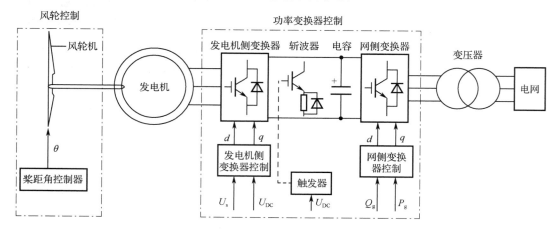

图 3.17　直驱风力发电系统的控制系统结构

1. 发电机侧变换器控制

在控制策略 2 中，发电机侧变换器控制发电机定子电压 U_s 和直流母线电压 U_{DC}。与传统的控制策略一样，仍然采用转子磁链定向控制策略，即将转子磁链方向定为旋转坐标系

的 d 轴方向，则定子电压 U_s 用定子电流直轴分量 i_{sd} 来控制，直流电压 U_{DC} 通过定子电流的交轴分量 i_{sq} 来控制，电流控制器结构如图 3.18 所示。其中，P_{md} 和 P_{mq} 分别表示直轴电流控制器和交轴电流控制器的输出信号。

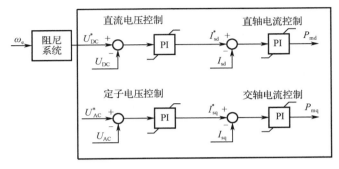

图 3.18　发电机侧变换器电流控制器

由式（3.15）得到永磁同步发电机电流稳态控制方程

$$\begin{cases} u_{sd} = R_a i_{sd} - \omega_e L_{sq} i_{sq} \\ u_{sq} = R_a i_{sq} + \omega_e L_{sd} i_{sd} + \omega_e \psi_f \end{cases} \tag{3.37}$$

若要提高系统的动态性能，使实际电流值能快速跟随参考值，则可在式（3.37）中加入反馈控制量，反馈控制量可以通过 PI 控制器实现，则电流的控制方程可表示为

$$\begin{cases} u_{sd} = R_a i_{sd} - \omega_e L_{sq} i_{sq} + K_p \varepsilon_{sd} + K_i \int \varepsilon_{sd} dt \\ u_{sq} = R_a i_{sq} + \omega_e L_{sd} i_{sd} + \omega_e \psi_f + K_p \varepsilon_{sq} + K_i \int \varepsilon_{sq} dt \end{cases} \tag{3.38}$$

式中，K_p 表示电流环的比例系数；K_i 表示电流环的积分系数；ε_{sd} 为 d 轴输入反馈误差，$\varepsilon_{sd} = i_{sd}^* - i_{sd}$；$\varepsilon_{sq}$ 为 q 轴输入反馈误差，$\varepsilon_{sq} = i_{sq}^* - i_{sq}$。

发电机侧变换器控制框图如图 3.19 所示。其中，直流母线电压环的输出作为转矩电流 i_{sq} 的给定量，而定子电压环的输出作为直轴电流 i_{sd} 的给定量，$\omega_e t$ 为转子位置角。

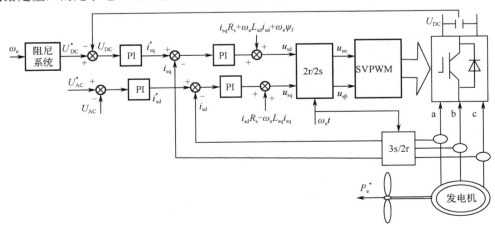

图 3.19　发电机侧变换器控制框图

　　为了避免出现过电压或变换器的饱和，定子电压被控制为额定值。直流母线电压也保持恒定，但是当系统需要电气阻尼时，允许在小范围内变化，此时直流母线电压被控制在由阻尼系统提供的参考值 U_{DC}^*，这将在第 5 章进行介绍。

　　为了验证发电机侧 PWM 变换器控制策略的正确性，对发电机侧变换器控制系统进行了仿真。图 3.20 所示为发电机侧 PWM 变换器控制仿真模型。图 3.21 所示为使用新型控制策略时发电机电磁转矩、发电机输出功率、发电机机械角速度、发电机定子电流、直流母线电压和 d、q 轴电流仿真波形。从仿真结果可以看出，发电机电磁转矩、输出功率和定子电流没有超调量，响应速度也非常快；由于直流母线电压的调节在 PWM 变换器的发电机侧完成，因此发电机本身具有自动调节输出功率的能力，在保证发电机侧快速响应性的同时，还能提高发电机侧的动态性能，直流母线电压的超调量非常小。但需要指出的是，新型控制策略在直流母线电压的稳定性方面比传统控制策略要差些，电磁转矩和输出功率的波动也稍大。这是因为发电机电磁转矩脉动所产生的反电动势使得直流母线电压发生波动，其波动经过 PI 调节器以后引起转矩电流的波动，产生转矩脉动，又导致反电动势脉动，进而使得母线电压稳定性变差。虽然如此，但稳态后的定子电流波形很好，说明使用新型控制策略取得了良好的控制效果。

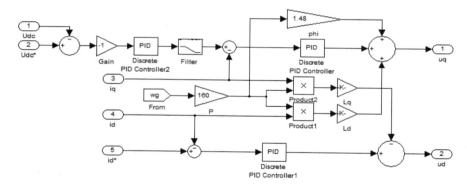

图 3.20　发电机侧 PWM 变换器控制仿真模型

2. 网侧变换器控制

　　在控制策略 2 中，网侧变换器对流向电网的有功功率和无功功率实现解耦控制。若网侧变换器仍然采用电网电压定向矢量控制，则电网电压矢量与 d 轴重合，即所有的电压矢量全部落在 d 轴上，q 轴分量为 0。在 dq 坐标系中，网侧变换器相对于电网的有功功率和无功功率的计算公式见式（3.36）。

　　电网有功功率 P_g 可以通过变换器的直轴电流分量 i_{gd} 来控制，有功功率环的输出作为有功电流分量 i_{gd} 的给定量；而无功功率 Q_g 可以通过变换器的交轴电流分量 i_{gq} 来控制，无功功率环的输出作为无功电流 i_{gq} 的给定量。网侧变换器电流控制器结构如图 3.22 所示。

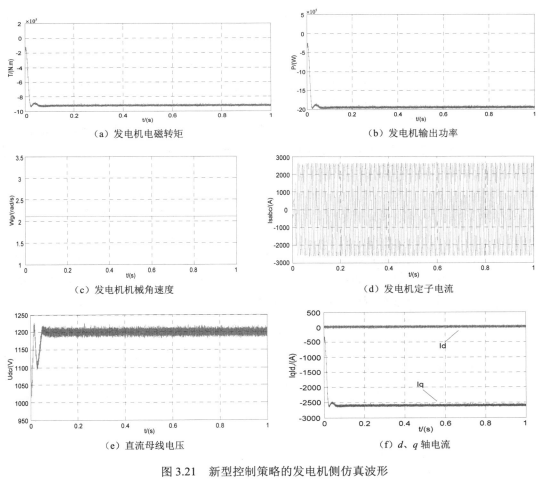

（a）发电机电磁转矩　　　　　　　　　　　（b）发电机输出功率

（c）发电机机械角速度　　　　　　　　　　（d）发电机定子电流

（e）直流母线电压　　　　　　　　　　　　（f）d、q 轴电流

图 3.21　新型控制策略的发电机侧仿真波形

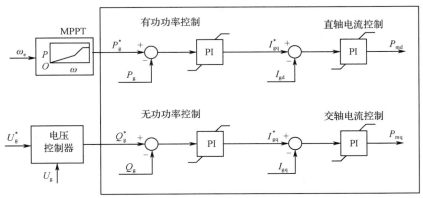

图 3.22　网侧变换器电流控制器结构

网侧变换器电流的表达式见式（3.34）。网侧变换器控制框图如图 3.23 所示，电网有功功率参考值 P_g^* 是由图 3.24（a）所示的最大功率跟踪（MPPT）特性决定的。运行在单位功率因数时，无功功率参考值 Q_g^* 一般设为零。然而，当电网电压受到干扰偏离额定值时，功

率变换器必须对电网电压提供支持，无功功率参考值 Q_g^* 可以由图 3.24（b）所示的电压控制器来提供。

图 3.24（b）所示的电压控制器是由一个抗积分饱和的 PI 控制器，它可以将电网电压控制在额定值内。控制器的输入是实际电网电压 U_g 和额定电网电压 U_g^* 之间的误差信号。

在该控制策略中，发电机与风轮机的功率调节在网侧变换器中实现，因此，与传统控制策略不同的是，此处发电机的转速并不由风轮机的输出功率决定，即转速是给定量。通过给定风轮机或发电机的转速，使其输出相应的功率，再对该功率进行调节，就可以实现能量的有效传递。由于转速是一个给定值，所以风轮机的转矩与输出功率也是固定的，但发电机的输出电功率为可调量，可以根据并网功率的大小进行自我调节。实际运行时，如果风轮机的转速不依靠发电机的调节来获取 MPPT 控制，则网侧变换器根据风轮机输出功率的大小就可实现该功率的有效控制。

需要指出的是，网侧变换器采用的是电网电压定向矢量控制，为了能使风力发电机组正常运行，快速而准确地检测电网电压基波的正序分量大小和相位在变换器的控制策略设计中是至关重要的，通常在网侧变换器控制中采用锁相环（PLL）来实现网侧变换器与电网的同步，如图 3.22 所示。

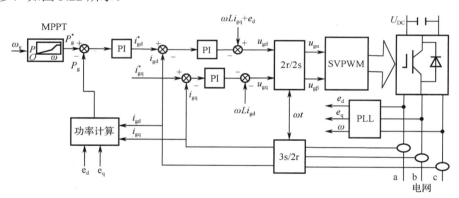

图 3.23　网侧变换器控制框图

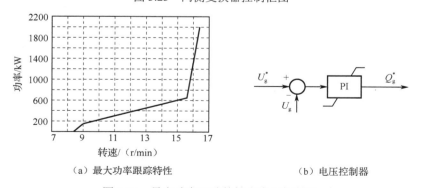

（a）最大功率跟踪特性　　　　　　（b）电压控制器

图 3.24　最大功率跟踪特性和电压控制器

为了对网侧 PWM 变换器控制策略的正确性进行验证，对网侧变换器系统进行了仿真。

图 3.25 所示为网侧 PWM 变换器控制仿真模型。图 3.26 所示为使用新型控制策略时并网相电流、并网输出功率和 d、q 轴电流仿真波形。在新型控制策略中，网侧采用的功率环同样给定阶跃信号，在起始时刻给网侧的有功电流和无功电流带来一定的超调，但由于发电机对其输出功率具有自我调节的能力，因此保证了网侧传输功率的要求，母线电压与并网相电流超调量很小，收敛时间也很短，并网相电流波形特别好，能很好地实现单位功率因数控制。

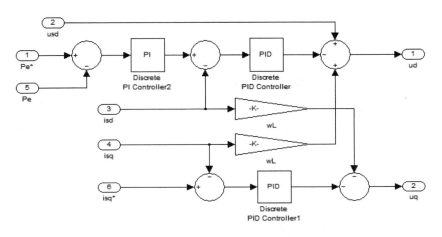

图 3.25　网侧 PWM 变换器控制仿真模型

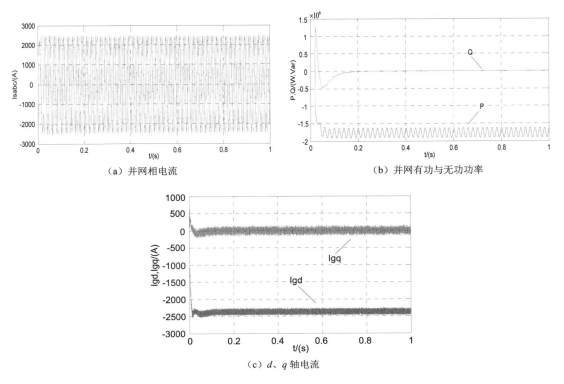

（a）并网相电流　　　　　　　　　　（b）并网有功与无功功率

（c）d、q 轴电流

图 3.26　新型控制策略的网侧仿真波形

3.2.3 两种控制策略的比较

为了便于比较，将两种控制策略的各项参数列在表 3.3 中。将两种控制策略进行了综合对比，结论见表3.4。

在系统启动瞬间，采用传统控制策略时，各项参数的超调量均较大，但稳态参数的波动范围较小，并网质量高，效率一般，适用于兆瓦级的大规模并网发电系统；采用新型控制策略时，系统的响应速度较快，动态特性很好，各项稳态参数的性能也很优越，虽然与传统控制策略相比，直流母线电压与发电机侧变换器的各项参数稳定性稍差，但其并网质量仍然很高，同时，变换器成本较高，效率较高，适用于兆瓦级的大规模并网发电系统。

表 3.3 两种控制策略的各项参数

参 数		控 制 策 略	
		传统控制策略	新型控制策略
电磁转矩 T_e	收敛时间	0.32s	0.08s
	超调量	−218.27%	0.5%
	稳态波动范围	$\pm 0.128 \times 10^5 W$	$\pm 0.28 \times 10^5 W$
发电机定子相电流 i_a、i_b、i_c	收敛时间	0.3s	0.05s
	超调量	16.85%	2%
	正弦性	非常好	非常好
母线电压 U_{DC}	收敛时间	0.32s	0.06s
	超调量	52.80%	8.2%
	稳态波动范围	$\pm 10V$	$\pm 15V$
并网相电流 i_a、i_b、i_c	收敛时间	0.32s	0.05s
	超调量	78.22%	3%
	正弦性	非常好	非常好
并网功率 P	发电机侧	2MW	1.945MW
	网侧	1.7025MW	1.7625MW
	效率	85.13%	90.62%

表 3.4 两种控制策略的综合对比

比 较 项 目	控 制 策 略	
	传统控制策略	新型控制策略
拓扑结构	简单	简单
系统收敛时间	较快	快
系统稳定性	好	较好
系统控制难度	较大	较大
并网质量	好	好
效率	一般	高

续表

比 较 项 目	控 制 策 略	
	传统控制策略	新型控制策略
系统成本	高	高
适用范围	兆瓦级的大规模并网发电系统	兆瓦级的大规模并网发电系统

3.3　实验研究

为了验证前面所提出的两种控制策略的效果，进行了实验研究，采用传统控制策略的直驱风力发电变换器控制系统模拟实验系统如图 3.27 所示，采用新型控制策略的变换器控制系统模拟实验系统硬件结构与此类似，因此没有给出。整个实验系统由主电路和控制电路组成，主电路主要包括用于模拟风轮机的他励直流电动机及其加载系统、永磁同步发电机（PMSG）、双 PWM 功率变换器、电抗器和可调变压器等设备。其中，PWM 单元电路集成了 IGBT 功率模块、直流母线电容、吸收电容与电流传感器，具有很高的通用性；变换器控制系统包括双 PWM 功率变换器控制电路、PC（作为主机）及通信、人机接口等。双 PWM 功率变换器及其控制电路是整个实验系统的关键部分。

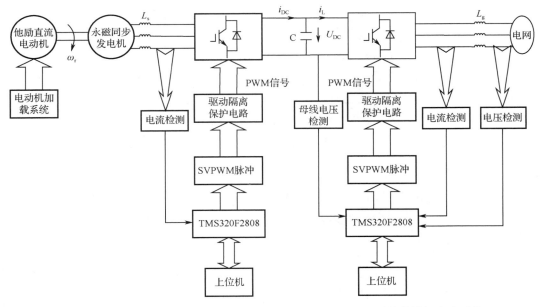

图 3.27　采用传统控制策略的直驱风力发电系统变换器控制系统的模拟实验系统

3.3.1　控制系统的硬件

由图 3.27 可以看出，发电机侧和网侧变换器控制单元在功能和结构上是相互独立的，由于采用的是背靠背式双 PWM 结构，两个变换器控制单元的电路结构基本相同，都由 DSP 芯片电路及其扩展的输入/输出电路、控制电源电路、信号采集电路、IGBT 驱动电路组成，外加一个采用 RS-485 通信协议的触摸屏作为人机接口，以此实现上位机与下位机的通信。发电机侧和网侧变换控制器均采用 TMS320F2808 作为主控芯片,可实现控制算法并产生驱动变换器开关的脉冲信号，同时对过电流、过电压和模块故障等进行处理。

1. DSP 芯片电路

DSP 芯片电路为实现 DSP 功能所需的外围辅助电路，它完成工作电源转换、信号采样调理、逻辑控制信号处理、PWM 脉冲信号一级放大、保护、硬件复位、RS-485 及 CAN 通信、数模转换、JTAG 仿真接口和外部扩展 RAM 等，是整个控制系统的核心，控制系统硬件结构如图 3.28 所示。在本实验系统中，TMS320F2808 仅外扩了程序存储器，数据存储器依然采用片内 RAM。

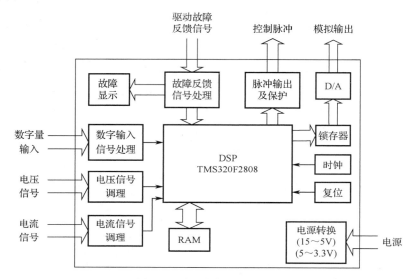

图 3.28　控制系统硬件结构

2. 电源转换单元

实验系统中不同芯片要求的电源电压大小不相同，有的需要 5V，有的需要 3.3V（如 DSP 的供电电压），因此需要将外部 ±15 V 电源输入分别转换为 5V 和 3.3V。

3. 采样调理电路

DSP 的 A/D 输入信号为 0～3V 的直流量，因此使用采样调理电路对输入的交流电压和电流信号进行滤波并做相应的调整，使其适合模数转换通道的输入。

在双 PWM 变换控制系统中，除 PWM 单元电路内集成了电流传感器外，电网电压、逆变器电流及直流母线电压均需通过采样电路进行采集。由于电流传感器输出的是电流信号，故还需要将其转换成电压信号。霍尔传感器的电压或电流输出信号分别为-10～10V、0～20mA，为了适应 DSP 对 A/D 输入信号为 0～3V 直流量的要求，需通过采样调理电路完成转换。

4．脉冲发生和保护电路

脉冲发生一定要设置死区，以防止主电路开关贯穿导通引起短路，以致烧坏功率元器件。死区设置分为硬件死区设置和软件死区设置。硬件死区设置在外围电路设计时完成，软件死区设置在配置 ePWM 功能寄存器时完成。保护电路有过电压保护、过电流保护等功能，其中过电压保护功能在软件运行时实现，过电流保护功能在外围保护电路中实现。

5．驱动电路

变换器电力电子开关器件 IGBT 的驱动采用与 IGBT 模块配套的带变压器隔离的 2SD315AI 驱动芯片。该芯片内部集成了过电流与短路保护电路、欠电压监测电路。芯片的驱动电压为 15V，故 PWM 脉冲信号在经过 DSP 电路的一级放大后，还要进行二级隔离放大，同时，驱动芯片的故障信号需要回馈给 DSP 芯片，故障清除后，需要接受 DSP 芯片的复位信号。另外，为了防止 IGBT 上、下桥臂直通，还需要设置硬件死区等。

3.3.2　控制系统的软件设计

直驱风力发电控制系统的软件设计流程图如图 3.29 所示。其中，DSP 是功率变换器控制电路的核心部分。

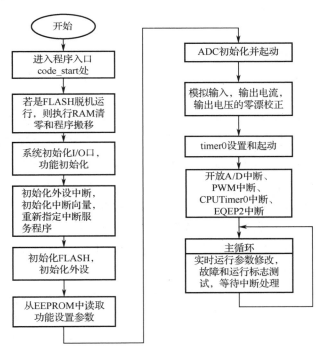

图 3.29　直驱风力发电控制系统的软件设计流程图

DSP 控制器完成变换器的驱动、对测量数据进行采样和调理、对故障信号进行处理等。这些都是通过中断子程序来实现的，主要有数模转换（A/D）中断子程序，用于 A/D 转换；

PWM 周期中断子程序，生成驱动 PWM 变换器的控制脉冲；1ms 定时中断子程序，用于管理程序定时控制。中断优先级顺序是 A/D 中断、PWM 周期中断和 1ms 定时中断。

根据上面的分析，可以得到采用传统控制策略的直驱风力发电系统网侧与发电机侧程序流程图，分别如图 3.30 和图 3.31 所示。新型控制策略的程序流程图也可以相应得到。

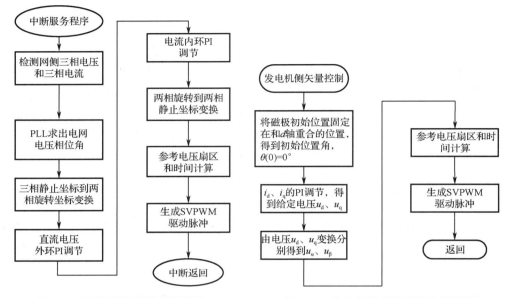

图 3.30 网侧变换器程序流程图   图 3.31 发电机侧变换器程序流程图

3.3.3 实验验证

为了对上述两种控制策略的性能进行验证，建立了直驱风力发电机组模拟实验系统，其中所采用的发电机的额定功率为 7.5kW，额定电压为 380V，额定频率为 50Hz，极数为 4，定子每相电阻为 2.655Ω，定子每相漏感为 8.718mH，转子磁链为 0.804Wb。直流电动机的额定电压为 440V，额定电流为 18A，额定转速为 2960r/min。变换器的直流母线电压为 600V，额定电流为 15A，选用 1200V、75A、型号为 FS75R12KE3G 的 IGBT。

在传统控制策略中，首先通过可调变压器将输出线电压调至 270V，启动网侧变换器，使其工作于整流状态，将直流电动机拖动永磁同步发电机至额定转速 1500r/min，然后并上发电机侧变换器。由于并网功率通过发电机侧变换器进行控制，因此，通过给定发电机侧变换器功率即可有效调节并网的有功和无功功率。由于受到直流加载柜输出转矩的限制，网侧输出电功率仅约为 1.6kW，并网相电流最大输出约为 3.4A，网侧线电压和相电流的实验波形如图 3.32 所示。考虑到实验与仿真时一样，也采用单位功率因数的控制方式（下同）。

在新型控制策略中，直流母线电压的稳定是通过控制发电机侧变换器实现的，故在直流电动机拖动永磁同步发电机至额定转速 1500r/min 后，再启动发电机侧变换器，使其工作在整流状态，然后并上网侧变换器，并通过给定网侧功率来调节并网输入功率。此时并网发电功率约为 1.88kW，并网相电流约为 4.1A，得到线电压和相电流的实验波形如图 3.33 所示。

从图 3.32 和图 3.33 可以看出,在两种控制策略下网侧线电压和相电流的波形相差并不大,但采用新型控制策略的并网相电流比采用传统控制策略大,故并网发电功率相对较大,效率比采用传统控制策略较高,这与仿真结果一致。实验数据对比见表 3.5。

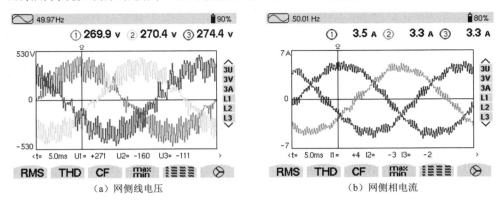

图 3.32　采用传统控制策略在发电机额定转速下的网侧波形图

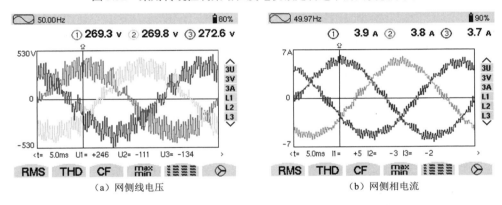

图 3.33　采用新型控制策略在发电机额定转速下的网侧波形图

表 3.5　分别采用传统控制策略与新型控制策略的实验数据对比

参　数		控 制 策 略	
		传统控制策略	新型控制策略
并网线电压/V	a 相	269.9	269.3
	b 相	270.4	269.8
	c 相	274.4	272.6
并网线电流/A	a 相	3.48	4.15
	b 相	3.36	4.01
	c 相	3.35	3.98
并网功率/W		1593.5	1880.8

3.4　本章小结

　　本章主要探讨直驱风力发电系统的控制策略。在传统控制策略的基础上提出了一种新型控制策略，分别对采用这两种控制策略的发电机侧和网侧变换器的控制进行了详细的仿真分析，并将所得结果进行了比较。构建了 7.5kW 直驱风力发电系统模拟实验系统，简单描述了实验系统的整体结构、硬件和软件，在此基础上分别对两种控制策略进行了实验验证，并对实验结果进行分析，证明了两种控制策略的正确性与可行性。

　　通过分析比较得出如下结论：在系统启动瞬间，采用传统控制策略时，各项参数的超调量均较大，但稳态参数的波动范围较小，并网质量高，效率一般；新型控制策略由于其功率环调节在网侧，能量转换的效率比传统控制策略高，系统的响应速度加快，动态特性很好，各项稳态参数的性能也很优越；传统控制策略比新型控制策略在机侧与直流母线电压的稳定性上更具有优势。

第 4 章　双馈风力发电系统的运行原理

4.1　双馈风力发电系统的构成与工作原理

由于双馈风力发电系统具有一些优点，如可对无功功率、有功功率进行解耦、单独控制，对电网可起到稳压、稳频的作用，改善了逆变器输出的电能质量；与同步风力发电机组的交-直-交功率变换器系统相比，它还具有变换器装置容量小、质量轻的优点；因此得到了普遍应用。典型的双馈风力发电机系统结构如图 4.1 所示。双馈发电机是双馈风力发电系统中能量转换的关键部件，实质上它是一个绕线转子感应发电机，它的定子绕组直接连接到三相电网上，转子绕组通过一个背靠背式功率变换器与电网连接。功率变换器由两个独立的可控电压源变换器连接到公共直流母线上，两个电压源变换器又分别连接转子绕组和电网，和转子绕组连接的称为转子侧变换器（Rotor Side Converter，RSC），和电网连接的称为网侧变换器（Grid Side Converter，GSC）。在正常和故障运行条件下，发电机的特性由这些变换器和它们的控制器的特性共同决定。转子侧变换器通过控制转子电压的大小和相位来控制流向电网的有功和无功功率。网侧变换器控制直流母线电压，使变换器运行在单位功率因数下，因此，从发电机到电网的无功功率输送是通过定子来完成的。

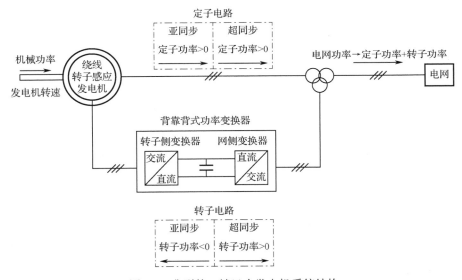

图 4.1　典型的双馈风力发电机系统结构

　　转子的最大电压通常小于定子的最大电压，因此网侧变换器要通过一个变压器连接到电网上。将系统连接到电网的变压器为三绕组变压器，有两个二次绕组，一个连接到定子上，另一个连接到转子上。双馈发电机系统可以在较大但是有限的转速范围内变速运行。运行的转速范围越小，双向功率变换器传递的功率也就越小。例如，若转速变化控制在±30%范围内，则变换器的额定容量约为发电机额定容量的30%。因此，变换器功率的大小和发电机总功率无关，但和所选择的转速范围有关，即和滑差功率有关。因此，功率变换器的成本随允许偏离同步转速的动态转速范围的增加而增加。

　　双馈发电机的转速范围是有限的，因此转子绕组感应的电压只有电网电压的一部分，取决于定子和转子绕组的匝数比，也因此直流母线电压相对较低。为了使双馈发电机能够在亚同步转速（Sub-synchronous Speed，滑差$s>0$）到超同步转速（Over-synchronous Speed，滑差$s<0$）的宽速运行范围内运行，功率变换器必须能够运行在双向功率流动状态。因此，双馈发电机风力发电系统采用背靠背式PWM（双向）变换器结构，如图4.2所示。

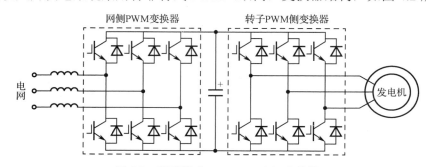

图 4.2　背靠背式 PWM（双向）变换器

滑差（或转速差）s 定义为

$$s = \frac{n_s - n_g}{n_s} \tag{4.1}$$

式中，n_s 和 n_g 分别是同步转速和发电机转速，单位是 r/min。对于双馈发电机而言，电磁转矩的符号表明了发电机是运行在电动机还是发电机状态。假定定子电路和转子电路的损耗都可以忽略，通过功率变换器（通过转子电路）的功率，即转差功率，可以表示成转差率乘以定子功率 P_s，传递的定子功率也可以用电网功率 P_g 或机械功率 P_{mec} 表示，即

$$P_r \approx -sP_s \tag{4.2}$$

$$P_s \approx P_g / (1-s) = \eta_g P_{mec} / (1-s) \tag{4.3}$$

式中，η_{gen} 是发电机效率。根据驱动运行条件不同，功率可以流入或流出转子，如图4.3所示。当发电机转速低于气隙磁场旋转速度时，为亚同步运行，功率通过变换器从电网流向转子（$P_r<0$），变换器向发电机转子提供正相序励磁；当发电机转速高于气隙磁场旋转速度时，为超同步运行，功率以相反方向流动（$P_r>0$），变换器向转子提供反相序励磁；当发电机转速等于气隙磁场旋转速度时，变换器向转子提供直流励磁，变换器与转子绕组之间无功率交换（$P_r=0$）。在两种情况（超同步运行和亚同步运行）下，定子都向电网提供功

率（$P_s>0$）。因此，在亚同步运行期间，传递到电网的功率小于定子传递的功率 P_s，因为在转子电路中，功率通过功率变换器从电网流向转子（$P_r<0$）；而在超同步速运行期间，流到电网的功率大于定子的功率，因为转子贡献了一部分功率，转子功率从转子流向电网（$P_r>0$）。

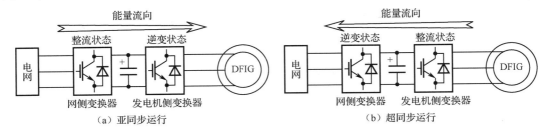

图 4.3　双馈发电机功率流原理图

双馈发电机风力发电系统中的功率变换器使得 DFIG 运行更加灵活。功率变换器通过注入一个频率变化的转子电流补偿机械频率和电气频率的差值。功率变换器通过集电环给转子绕组提供一个大小和频率都变化的转子电压，提高了发电机的控制能力：①它给 DFIG 提供了无功控制能力，使 DFIG 可以产生无功功率并输送给电网或从电网吸收无功功率，目的是提高电压控制能力（对于弱电网，即使在电网正常运行情况下，电网电压仍可能发生波动；对于强电网，DFIG 与电网之间没有无功功率交换）；②它可以通过转子电路励磁，而不需要从电网吸收无功功率励磁；③对转子电流进行独立控制，对有功和无功功率进行解耦。

为了实现高效可靠地向电网传递高质量电功率，双馈风力发电系统中接入转子的功率变换器（交流励磁电源）必须满足以下功能要求。

（1）为了跟踪最大风能并最大限度地减少励磁变换器容量，发电机需要在同步速上、下运行，要求功率变换器具有能量双向流动的能力。

（2）异步发电机的转子与定子之间存在强电磁耦合，转子侧的谐波电流会在定子侧感应出相应的谐波电势。为确保定子侧所发出的电能的质量，要求功率变换器有优良的输出特性。

（3）随着风力发电机组单机容量的增加，功率变换器的容量也在增加，为了防止变换器作为电网的非线性负载对电网产生谐波污染和引起无功问题，要求变换器的输入特性好，即输入电流的谐波少、功率因数高。

（4）随着风力发电技术的发展，风力发电在电网中所占的比例越来越大，电网对风力发电机组在电网故障情况下的不间断运行能力提出了更高的要求，不仅要求具有对 DFIG 的有效控制能力，而且要求具有一定的对电网故障的适应能力。

4.2 双馈发电机的电磁关系

4.2.1 双馈发电机的等效电路和基本方程式

双馈发电机的结构与绕线转子异步电动机结构相似,因此可参照较精确的等效电路,如图 4.4 所示。

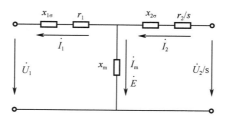

图 4.4 双馈发电机的等效电路 1

图 4.4 所示的等效电路基于以下设定。

(1)转子各参数(电阻和电抗)已经过绕组折算和频率折算归算到定子侧,转子电压、电流和电势也已归算到定子侧。

(2)定子侧采用发电机惯例,定子电流以流出为正;转子侧采用电动机惯例,转子电流以流入为正。

(3)忽略了磁路饱和与谐波的影响,假定三相绕组对称,且磁动势沿气隙呈正弦分布。

(4)忽略了铁耗。

根据图 4.4 可以列出电压平衡方程式

$$\begin{cases} \dot{U}_1 = \dot{E}_1 - \dot{I}_1(r_1 + \mathrm{j}x_{1\sigma}) \\ \dfrac{\dot{U}_2}{s} = \dot{I}_2\left(\dfrac{r_2}{s} + \mathrm{j}x_{2\sigma}\right) + \dot{E}_1 \\ \dot{E}_1 = \mathrm{j}x_m I_m \\ \dot{I}_2 = \dot{I}_1 + \dot{I}_m \end{cases} \tag{4.4}$$

式中,$\dot{U}_1$、$\dot{U}_2$ 分别为定子、转子电压相量;$\dot{E}_1$ 为气隙磁场感应电动势相量;$\dot{I}_1$、$\dot{I}_2$、$\dot{I}_m$ 分别为定子、转子电流和励磁电流相量;r_1、r_2 分别为定子、转子电阻;$x_{1\sigma}$、$x_{2\sigma}$ 和 x_m 分别为定子、转子漏电抗和励磁电抗。

由于定子、转子电流 $\dot{I}_1$、$\dot{I}_2$ 产生的磁势 F_1、F_2 在空间上相对静止,因此可以合成为气隙磁势 F_m,则双馈发电机的磁动势平衡方程式为

$$\vec{F}_1 + \vec{F}_2 = \vec{F}_m \tag{4.5}$$

4.2.2 双馈发电机的相量图

根据式(4.4),以定子电压相量为参考相量,则 $U_1 = \dot{U}_1\underline{/0^\circ}$,忽略铁耗角 α_{Fe},得到双

馈发电机呈容性和感性时的相量图，分别如图 4.5 和图 4.6 所示。

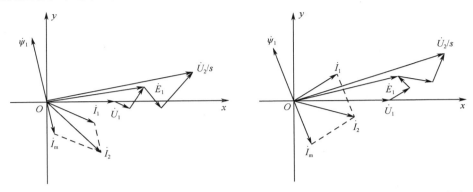

图 4.5　双馈发电机呈容性时的相量图　　　图 4.6　双馈发电机呈感性时的相量图

图 4.5 表示双馈发电机定子输出感性无功功率，即发电机呈容性时的相量图。图 4.6 表示发电机定子吸收感性无功功率，即发电机呈感性时的相量图。

4.2.3　双馈风力发电机的功率特性

为了对双馈风力发电机输出的功率进行控制，有必要了解发电机的功率特性。双馈风力发电机运行方式的特殊性及转子电压相量对有功、无功功率调节的灵活性，使得它的功率特性比一般的绕线转子异步电机的功率特性复杂得多。下面对双馈风力发电机的电磁功率、电磁转矩特性及有功功率特性和无功功率特性进行分析。

电磁功率 P_{em} 可以用下式定义：

$$P_{em} = \mathrm{Re}[3\dot{E}_1 I_1^*] \tag{4.6}$$

双馈发电机电磁转矩 T_{em} 的表达式为

$$T_{em} = \frac{P_{em}}{\Omega_s} \tag{4.7}$$

式中，Ω_m 为机械同步角速度，它的计算表达式为

$$\Omega_m = \frac{\omega_e}{p} = \frac{2\pi f_e}{p} \tag{4.8}$$

式中，f_e 为定子电流的频率。

视在功率 S、有功功率 P 和无功功率 Q 的定义式分别为

$$S = 3\dot{U}\dot{I}^* = P + \mathrm{j}Q \tag{4.9}$$

$$P = 3\mathrm{Re}[\dot{U}\dot{I}^*] \tag{4.10}$$

$$Q = 3\mathrm{Im}[\dot{U}\dot{I}^*] \tag{4.11}$$

为了方便利用双馈发电机的等效电路和电磁关系表达式来研究有功功率平衡和无功功率的平衡问题，把图 4.4 中的参数 $\dfrac{r_2}{s}$ 分解为 $r_2 + \dfrac{1-s}{s}r_2$，$\dfrac{\dot{U}_2}{s}$ 分解为 $\dot{U}_2 + \dfrac{1-s}{s}\dot{U}_2$，则双馈发电机的等效电路可用图 4.7 表示。

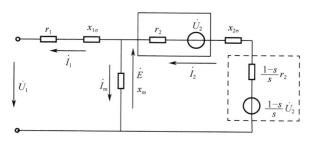

图 4.7　双馈发电机的等效电路 2

根据功率守恒原理，从定子侧经气隙传递的电磁功率可表示为

$$P_{\mathrm{em1}} = P_{\mathrm{s}} + P_{\mathrm{Cu1}}\tag{4.12}$$

式中，P_{s} 为定子输出的有功功率；P_{Cu1} 为定子铜耗，有

$$P_{\mathrm{Cu1}} = 3I_1^2 r_1\tag{4.13}$$

同理，从转子侧经气隙传递的电磁功率可表示为

$$P_{\mathrm{em2}} = 3\operatorname{Re}\left[\frac{\dot{U}_2}{s}\dot{I}_2^*\right] - \frac{3r_2}{s}I_2^2 = \frac{P_2}{s} - \frac{P_{\mathrm{Cu2}}}{s}\tag{4.14}$$

式中，P_{r} 为转子输出的有功功率；P_{Cu2} 为转子铜耗，有

$$P_{\mathrm{Cu2}} = 3I_2^2 r_2\tag{4.15}$$

因为 $P_{\mathrm{em}} = P_{\mathrm{em1}} = P_{\mathrm{em2}}$，由式（4.12）和式（4.14）得到

$$P_{\mathrm{s}} + P_{\mathrm{Cu1}} = \frac{1}{s}(P_{\mathrm{r}} - P_{\mathrm{Cu2}})\tag{4.16}$$

根据对 $\dfrac{r_2}{s}$、$\dfrac{\dot{U}_2}{s}$ 的分解，式（4.14）可以写成

$$P_{\mathrm{em2}} = 3\operatorname{Re}[\dot{U}_2\dot{I}_2^*] + 3\operatorname{Re}\left[\frac{(1-s)\dot{U}_2}{s}\dot{I}_2^*\right] - 3r_2 I_2^2 - \frac{3(1-s)r_2}{s}I_2^2\tag{4.17}$$

式中，$3r_2 I_2^2$ 为转子绕组的铜耗；$3\operatorname{Re}[\dot{U}_2\dot{I}_2^*]$ 为励磁电源的容量，即励磁系统输入到转子侧的电功率。$-\dfrac{3(1-s)r_2}{s}I_2^2$ 为对应于轴上的机械功率，当 $0 < s < 1$ 时，此项为负，表示把轴上的机械功率转化为电磁功率；当 $s < 0$ 时，此项为正，表示它消耗电磁功率，并将其转化为机械功率从轴上输出。$3\operatorname{Re}\left[\dfrac{(1-s)\dot{U}_2}{s}\dot{I}_2^*\right]$，也与轴上的机械功率有关，此项为正，表示发电机将轴上的机械功率转换为电磁功率，运行在发电机状态；此项为负，表示发电机将消耗电磁功率，并将其转换为机械功率从轴上输出，运行在电动机状态。

因此，$3\operatorname{Re}\left[\dfrac{(1-s)\dot{U}_2}{s}\dot{I}_2^*\right] - \dfrac{3(1-s)r_2}{s}I_2^2$ 对应的功率应等于轴上总的机械功率，当此项为正时，表示发电机将轴上的机械功率转换为电磁功率；当此项为负时，表示发电机将电磁功率转换为轴上的机械功率而输出。

传统的异步发电机，轴上没有励磁电压，其运行状态仅由 $-\dfrac{3(1-s)r_2}{s}I_2^2$ 项的正负来决定，也即由转差率的正负来决定；而转子方加了功率变换器的双馈发电机，可以通过控制转子励磁电压 $\dot{U}_2$ 的大小和相位，使其转差率 s 为任何值时，都可以使发电机运行在发电机状态或电动机状态。

对于传统的异步发电机，可以将 $3\operatorname{Re}[\dot{U}_2 \dot{I}_2^*] - 3r_2 I_2^2$ 定义为广义的转子铜耗，即

$$P'_{\mathrm{Cu2}} = 3\operatorname{Re}[\dot{U}_2 \dot{I}_2^*] - 3r_2 I_2^2 \tag{4.18}$$

将 $3\operatorname{Re}\left[\dfrac{(1-s)\dot{U}_2}{s}\dot{I}_2^*\right] - \dfrac{3(1-s)r_2}{s}I_2^2$ 定义为广义的机械输入功率

$$P_{\mathrm{mec}} = 3\operatorname{Re}\left[\frac{(1-s)\dot{U}_2}{s}\dot{I}_2^*\right] - \frac{3(1-s)r_2}{s}I_2^2 \tag{4.19}$$

则由式（4.14）、式（4.18）和式（4.19）可知，有功率关系

$$P'_{\mathrm{Cu2}} = sP_{\mathrm{em}} \tag{4.20}$$

$$P'_{\mathrm{mec}} = (1-s)P_{\mathrm{em}} \tag{4.21}$$

$$P'_{\mathrm{mec}} = \frac{1-s}{s}P'_{\mathrm{Cu2}} \tag{4.22}$$

式（4.16）虽然给出了双馈发电机的有功功率平衡关系，但要想清晰地给出有功功率流程图，还必须从转子有功功率的性质入手来分析。

将式（4.16）改写为

$$P_{\mathrm{r}} = P_{\mathrm{Cu2}} + s(P_{\mathrm{s}} + P_{\mathrm{Cu1}}) \tag{4.23}$$

当 $P_2 = 0$ 时，可由式（4.23）得到临界转差率

$$s_{\mathrm{p}} = -\frac{P_{\mathrm{Cu2}}}{P_{\mathrm{s}} + P_{\mathrm{Cu1}}} \tag{4.24}$$

当 $s_{\mathrm{p}} < s < 1$ 时，$P_{\mathrm{r}} > 0$，有功功率从电网流向发电机的转子；当 $s < s_{\mathrm{p}}$ 时，$P_{\mathrm{r}} < 0$，有功功率从发电机的转子流向电网；当 $s = s_{\mathrm{p}}$ 时，$P_{\mathrm{r}} = 0$，电网和发电机转子没有有功功率的交换。显然转子有功功率的性质和临界转差率 s_{p} 密切相关。

双馈发电机定子、转子都可以输出感性或容性的无功功率，此外，发电机的定子、转子漏抗也要消耗感性的无功功率，建立励磁磁场也同样要消耗感性的无功功率，整个发电机内部无功功率要守恒。

定子、转子漏抗及励磁电抗消耗的无功功率分别为

$$Q_{1\sigma} = 3I_1^2 x_{1\sigma} \tag{4.25}$$

$$Q_{2\sigma} = 3I_2^2 x_{2\sigma} \tag{4.26}$$

$$Q_{\mathrm{m}} = 3I_{\mathrm{m}}^2 x_{\mathrm{m}} \tag{4.27}$$

根据功率守恒定律可得双馈发电机的无功功率守恒表达式

$$\frac{Q_{\mathrm{r}}}{s} = Q_{\mathrm{s}} + Q_{1\sigma} + Q_{\mathrm{m}} + Q_{2\sigma} \tag{4.28}$$

式中，Q_{r} 表示发电机转子实际输入或输出的无功功率；Q_{r}/s 表示频率折算后转子的无功功率。因为无功功率和频率呈正比，故频率折算后无功功率为折算前（实际的无功功率）的 $1/s$。

转子励磁变换器的容量为

$$S_c = \sqrt{P_r^2 + Q_r^2} \qquad (4.29)$$

由式（4.23）和式（4.28）可知，在忽略定子、转子绕组铜耗和定子、转子漏抗及励磁电抗消耗的无功功率的情况下，转子变换器的有功功率 P_r 和无功功率 Q_r 与发电机定子输出的有功功率和无功功率的关系为

$$P_r = sP_s \qquad (4.30)$$
$$Q_r = sQ_s \qquad (4.31)$$

联立式（4.29）～式（4.31）可得

$$S_c = |s|\sqrt{P_s^2 + Q_s^2} = |s|S_1 \qquad (4.32)$$

式中，S_1 为发电机定子的输出容量。

式（4.32）虽然为忽略发电机损耗的近似关系式，但反映了转子变换器容量与发电机定子输出容量及转差率之间的关系。

由以上各式可知：

（1）在双馈风力发电机组中，发电机转子变换器的容量很小，约为发电机的转差容量（发电机定子输出容量与转差率绝对值的乘积）。这是双馈风力发电机组的优点之一。

（2）在双馈发电机定子输出容量一定的情况下，转子变换器的励磁容量与转差率的绝对值呈正比。也就是说，双馈发电机的运行转速范围越宽，转子变换器的励磁容量也就越大。因此，在系统设计时，应注意发电机的运行转速范围与变换器容量之间的优化和权衡，以达到较好的经济性能。

（3）由风力发电机组风轮机的功率特性曲线（见图 2.10）可知，在额定转速以下，发电机的输出功率达不到额定功率；在额定转速以上，发电机的输出功率才达到额定功率。因此，和额定转速以下相比，在额定转速以上时扩大发电机运行转速范围，所付出的转子变换器容量增大的代价更大。这在风力发电机组协调优化时，是需要考虑的。

（4）由式（4.32）可知，在发电机转速和定子输出有功功率一定时，发电机容性运行（定子功率因数小于零）和感性运行时相比，转子变换器的容量更大。

以上几点是选择转子励磁变换器励磁容量的主要依据。

双馈发电机在运行时，转子电压与转差率有以下近似关系：

$$U_2 = |s|U_{open} \qquad (4.33)$$

式中，U_{open} 为转子的开路电压。

对于普通发电机，转子励磁变换器的额定电压取决于发电机额定运行时的电压；但对于双馈发电机而言，在发电机转子开路电压恒定时，并非在额定运行点转子电压最大，而是在转差率绝对值最大时转子电压最大。因此，正常运行时，转子变换器的输出电压取决于双馈风力发电机的最大转速或最小转速。

为了研究定子、转子向电网输出的有功功率、无功功率与转子电压 U_2 和转差率 s 之间的关系，采用 MATLAB 对双馈发电机的功率特性进行了仿真研究。图 4.8～图 4.10 所示为

转子电压相位角为 30° 时，定子、转子有功功率、无功功率及视在功率随转差率和转子电压幅值的变化情况。

图 4.8～图 4.10 证明了双馈发电机中定子、转子有功功率与无功功率的性质，转子励磁容量不但和转子电压大小有关，还与发电机的转差率有关。因此，在确定发电机的调速范围时，要考虑发电机转子变换器的励磁容量，发电机的转速范围越宽，风力发电机组在较宽的风速范围内具有较高的效率，捕获的风能越多，但所需变换器的容量越大，成本越高。

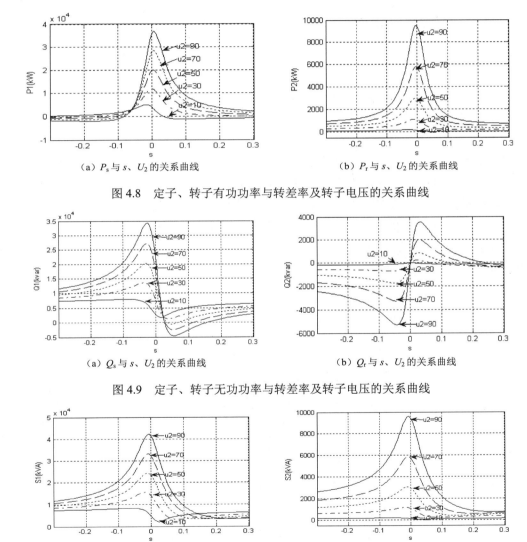

（a）P_s 与 s、U_2 的关系曲线　　　　（b）P_r 与 s、U_2 的关系曲线

图 4.8　定子、转子有功功率与转差率及转子电压的关系曲线

（a）Q_s 与 s、U_2 的关系曲线　　　　（b）Q_r 与 s、U_2 的关系曲线

图 4.9　定子、转子无功功率与转差率及转子电压的关系曲线

（a）S_1 与 s、U_2 的关系曲线　　　　（b）S_2 与 s、U_2 的关系曲线

图 4.10　定子、转子视在功率与转差率及转子电压的关系曲线

4.3 双馈风力发电机的数学模型

双馈发电机的交流励磁发电技术关键在于定子、转子轴之间的解耦及磁场定向,利用坐标变换和定子磁场定向可以很好地解决这两个问题。

坐标变换的思想是将三相静止坐标系中的矢量,通过变换用两相静止坐标系或两相旋转坐标系中的矢量表示。

4.3.1 三相静止坐标系 abc 中的数学模型

定子绕组采用发电机惯例,定子电流以流出为正;转子绕组采用电动机惯例,转子电流以流入为正。为了便于分析问题,做如下假设:

(1)忽略空间谐波,设三相绕组对称,所产生的磁动势沿气隙按正弦规律分布。

(2)忽略磁路饱和,认为各绕组的自感和互感都是恒定的。忽略发电机铁芯磁滞和涡流损耗。

(3)不考虑温度和频率变化对发电机参数的影响。

(4)转子绕组均折算到定子侧,折算后每相绕组匝数相等。

进行绕组折算后,双馈发电机的绕组等效为图 4.11 所示的物理模型。图中,定子三相绕组轴线 A、B、C 在空间是固定的,以 A 轴为参考坐标轴,转子绕组轴线 a、b、c 随转子旋转,转子 a 轴和定子 A 轴之间的夹角 θ_r 被称为空间角位移变量,用电角度表示。根据规定的正方向,可得到发电机在三相静止坐标系中的数学模型。

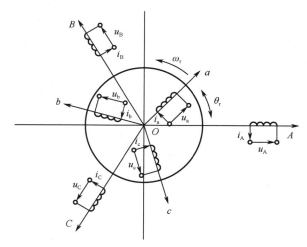

图 4.11 双馈发电机绕组的等效物理模型

1. 电压方程

三相定子绕组电压方程为

$$\begin{cases} u_\text{A} = -r_1 i_\text{A} + \dfrac{\mathrm{d}\psi_\text{A}}{\mathrm{d}t} \\[2mm] u_\text{B} = -r_1 i_\text{B} + \dfrac{\mathrm{d}\psi_\text{B}}{\mathrm{d}t} \\[2mm] u_\text{C} = -r_1 i_\text{C} + \dfrac{\mathrm{d}\psi_\text{C}}{\mathrm{d}t} \end{cases} \tag{4.34}$$

相应地，三相转子绕组折算到定子侧后的电压方程为

$$\begin{cases} u_\text{a} = -r_2 i_\text{a} + \dfrac{\mathrm{d}\psi_\text{a}}{\mathrm{d}t} \\[2mm] u_\text{b} = -r_2 i_\text{b} + \dfrac{\mathrm{d}\psi_\text{b}}{\mathrm{d}t} \\[2mm] u_\text{c} = -r_2 i_\text{c} + \dfrac{\mathrm{d}\psi_\text{c}}{\mathrm{d}t} \end{cases} \tag{4.35}$$

式中，u_A、u_B、u_C 分别为定子相电压瞬时值；u_a、u_b、u_c 分别为转子相电压瞬时值；i_A、i_B、i_C 分别为定子相电流瞬时值；i_a、i_b、i_c 分别为转子相电流瞬时值；ψ_A、ψ_B、ψ_C 分别为定子相绕组磁链；ψ_a、ψ_b、ψ_c 分别为转子相绕组磁链；r_1、r_2 分别为定子、转子绕组等效电阻。

2. 磁链方程

磁链方程可表示为矩阵形式

$$\begin{bmatrix} \boldsymbol{\psi}_\text{s} \\ \boldsymbol{\psi}_\text{r} \end{bmatrix} = \begin{bmatrix} \boldsymbol{L}_\text{ss} & \boldsymbol{L}_\text{sr} \\ \boldsymbol{L}_\text{rs} & \boldsymbol{L}_\text{rr} \end{bmatrix} \begin{bmatrix} \boldsymbol{i}_\text{s} \\ \boldsymbol{i}_\text{r} \end{bmatrix} \tag{4.36}$$

式中，$\boldsymbol{\psi}_\text{s} = [\psi_\text{A}\ \ \psi_\text{B}\ \ \psi_\text{C}]^\text{T}$，$\boldsymbol{\psi}_\text{r} = [\psi_\text{a}\ \ \psi_\text{b}\ \ \psi_\text{c}]^\text{T}$，$\boldsymbol{i}_\text{s} = [i_\text{A}\ \ i_\text{B}\ \ i_\text{C}]^\text{T}$，$\boldsymbol{i}_\text{r} = [i_\text{a}\ \ i_\text{b}\ \ i_\text{c}]^\text{T}$

$$\boldsymbol{L}_\text{ss} = \begin{bmatrix} L_\text{ms} + L_\text{ls} & -\dfrac{1}{2}L_\text{ms} & -\dfrac{1}{2}L_\text{ms} \\[2mm] -\dfrac{1}{2}L_\text{ms} & L_\text{ms} + L_\text{ls} & -\dfrac{1}{2}L_\text{ms} \\[2mm] -\dfrac{1}{2}L_\text{ms} & -\dfrac{1}{2}L_\text{ms} & L_\text{ms} + L_\text{ls} \end{bmatrix} \tag{4.37}$$

$$\boldsymbol{L}_\text{rr} = \begin{bmatrix} L_\text{mr} + L_\text{lr} & -\dfrac{1}{2}L_\text{mr} & -\dfrac{1}{2}L_\text{mr} \\[2mm] -\dfrac{1}{2}L_\text{mr} & L_\text{mr} + L_\text{lr} & -\dfrac{1}{2}L_\text{mr} \\[2mm] -\dfrac{1}{2}L_\text{mr} & -\dfrac{1}{2}L_\text{mr} & L_\text{mr} + L_\text{lr} \end{bmatrix} \tag{4.38}$$

$$\boldsymbol{L}_\text{rs} = \boldsymbol{L}_\text{sr}^\text{T} = L_\text{ms} \begin{bmatrix} \cos\theta_\text{r} & \cos(\theta_\text{r} - 120^\circ) & \cos(\theta_\text{r} + 120^\circ) \\ \cos(\theta_\text{r} + 120^\circ) & \cos\theta_\text{r} & \cos(\theta_\text{r} - 120^\circ) \\ \cos(\theta - 120^\circ) & \cos(\theta_\text{r} + 120^\circ) & \cos\theta_\text{r} \end{bmatrix} \tag{4.39}$$

式中，$\boldsymbol{L}_\text{ms}$ 是与定子绕组交链的最大互感磁通对应的电感；$\boldsymbol{L}_\text{mr}$ 是与转子绕组交链的最大互感磁通对应的电感；$\boldsymbol{L}_\text{ls}$ 和 $\boldsymbol{L}_\text{lr}$ 分别是定子绕组漏电感和转子绕组漏电感；θ_r 为转子位置角。

3. 运动方程

发电机的运动方程可表示为

$$T_\text{w} - T_\text{em} = \frac{J_\text{g}}{n_\text{p}} \frac{\mathrm{d}\omega_\text{r}}{\mathrm{d}t} + \frac{D_\text{g}}{n_\text{p}} \omega_\text{r} + \frac{K_\text{g}}{n_\text{p}} \theta_\text{r} \qquad (4.40)$$

式中，T_w 为风轮机提供的拖动转矩；J_g 为发电机的转动惯量；D_g 为与转速呈正比的转矩阻尼系数；K_g 为弹性转矩系数；ω_r 为发电机转子的角速度；n_p 为发电机的极对数。

4. 转矩方程

发电机的转矩方程为

$$T_\text{em} = 0.5 n_\text{p} \left(\boldsymbol{i}_\text{r}^\text{T} \frac{\mathrm{d}\boldsymbol{L}_\text{rs}}{\mathrm{d}\theta_\text{r}} \boldsymbol{i}_\text{s} + \boldsymbol{i}_\text{s}^\text{T} \frac{\mathrm{d}\boldsymbol{L}_\text{sr}}{\mathrm{d}\theta_\text{r}} i_\text{r} \right) \qquad (4.41)$$

5. 功率方程

发电机定子侧输出的瞬时功率为

$$p_\text{s} = u_\text{A} i_\text{A} + u_\text{B} i_\text{B} + u_\text{C} i_\text{C} \qquad (4.42)$$

发电机转子侧输出的瞬时功率为

$$p_\text{r} = u_\text{a} i_\text{a} + u_\text{b} i_\text{b} + u_\text{c} i_\text{c} \qquad (4.43)$$

需要指出的是，瞬时功率的实用意义并不大，通常人们用另三个功率量来反映正弦电流电路能量的交换情况，即有功功率 P、无功功率 Q 和视在功率 S。

4.3.2 两相旋转坐标系 dq 中的数学模型

式（4.34）~式（4.43）虽然能直观地表示双馈发电机的基本特性，却不能反映控制参数与这些方程的直接关系，所以有必要根据双馈发电机定子磁场定向矢量控制原理，研究双馈发电机的控制特性，为研究其控制策略和控制系统打下基础。坐标系 dq 中的 d、q 轴相互垂直，两相绕组之间没有磁的耦合，使双馈发电机的数学模型大大简化。

按照前文中的正方向规定，利用坐标变换关系，可得到两相旋转坐标系 dq 中的双馈发电机的数学模型。

1. 电压方程

定子绕组电压方程为

$$\begin{cases} u_\text{ds} = -\dfrac{\mathrm{d}\psi_\text{ds}}{\mathrm{d}t} - r_1 i_\text{ds} + \omega_\text{e} \psi_\text{qs} \\ u_\text{qs} = -\dfrac{\mathrm{d}\psi_\text{qs}}{\mathrm{d}t} - r_1 i_\text{qs} - \omega_\text{e} \psi_\text{ds} \end{cases} \qquad (4.44)$$

转子绕组电压方程为

$$
\begin{cases}
u_{dr} = -\dfrac{\mathrm{d}\psi_{dr}}{\mathrm{d}t} - r_2 i_{dr} + \omega_{sl}\psi_{qr} \\[3mm]
u_{qr} = -\dfrac{\mathrm{d}\psi_{qr}}{\mathrm{d}t} - r_2 i_{qr} - \omega_{sl}\psi_{dr}
\end{cases}
\tag{4.45}
$$

式中，u_{ds}、u_{qs}、u_{dr}、u_{qr} 分别为定子、转子电压的 d、q 轴分量；i_{ds}、i_{qs}、i_{dr}、i_{qr} 分别为定子、转子电流的 d、q 轴分量；ω_e 为旋转坐标系 dq 角速度；ω_{sl} 为坐标系 dq 相对于转子的角速度，$\omega_{sl}=\omega_e-\omega_r$。

2．磁链方程

定子绕组磁链方程为

$$
\begin{cases}
\psi_{ds} = L_s i_{ds} + L_m i_{dr} \\[2mm]
\psi_{qs} = L_s i_{qs} + L_m i_{qr}
\end{cases}
\tag{4.46}
$$

转子绕组磁链方程为

$$
\begin{cases}
\psi_{dr} = L_r i_{dr} + L_m i_{ds} \\[2mm]
\psi_{qr} = L_r i_{qr} + L_m i_{qs}
\end{cases}
\tag{4.47}
$$

式中，ψ_{ds}、ψ_{qs}、ψ_{dr}、ψ_{qr} 分别为定子、转子磁链的 d、q 轴分量；L_m 是坐标系 dq 中与轴定、转子绕组之间的等效互感；L_s 是坐标系 dq 中两相定子绕组的自感；L_r 是坐标系 dq 中两相转子绕组的自感。

将式（4.46）、式（4.47）代入式（4.44）和式（4.45），可得到

$$
\begin{bmatrix}
u_{ds} \\ u_{qs} \\ u_{dr} \\ u_{qr}
\end{bmatrix}
=
\begin{bmatrix}
-r_1 - L_s p & \omega_e L_s & L_m p & -\omega_e L_m \\
-\omega_e L_s & -r_1 - L_s p & \omega_e L_m & L_m p \\
-L_m p & \omega_{sl} L_m & r_2 + L_r p & -\omega_{sl} L_r \\
-\omega_{sl} L_m & -L_m p & \omega_{sl} L_r & r_2 + L_r p
\end{bmatrix}
\begin{bmatrix}
i_{ds} \\ i_{qs} \\ i_{dr} \\ i_{qr}
\end{bmatrix}
\tag{4.48}
$$

3．转矩方程

变换到旋转坐标系 dq 后，发电机运动方程形式没有变，但电磁转矩方程发生了变化，控制时可以根据需要灵活地选择如下表达式：

$$
\begin{aligned}
T_{em} &= \frac{3}{2} n_p L_m (i_{qs} i_{dr} - i_{ds} i_{qr}) = \frac{3}{2} n_p \frac{L_m}{L_r} (\psi_{qs} i_{dr} - \psi_{ds} i_{qr}) \\
&= \frac{3}{2} n_p \frac{L_m}{L_r} (i_{qs} \psi_{dr} - i_{ds} \psi_{qr}) \\
&= \frac{3}{2} n_p (i_{qs} \psi_{ds} - i_{ds} \psi_{qs}) \\
&= \frac{3}{2} n_p (\psi_{qr} i_{dr} - \psi_{dr} i_{qr}) \\
&= \frac{3}{2} n_p \frac{L_m}{\sigma L_s L_r} (\psi_{qs} i_{dr} - \psi_{ds} i_{qr})
\end{aligned}
\tag{4.49}
$$

式中，σ 是总漏系数，$\sigma = 1 - \dfrac{L_{\mathrm{m}}^2}{L_{\mathrm{s}} L_{\mathrm{r}}}$

4．功率方程

发电机定子有功功率和无功功率分别为

$$\begin{cases} P_{\mathrm{s}} = \dfrac{3}{2}(u_{\mathrm{ds}} i_{\mathrm{ds}} + u_{\mathrm{qs}} i_{\mathrm{qs}}) \\ Q_{\mathrm{s}} = \dfrac{3}{2}(u_{\mathrm{qs}} i_{\mathrm{ds}} - u_{\mathrm{ds}} i_{\mathrm{qs}}) \end{cases} \tag{4.50}$$

4.4　双馈风力发电机功率变换器的控制

4.4.1　功率变换器控制原理

双馈风力发电机的转子励磁电源是一个交–直–交变换装置，其主电路如图 4.12 所示。

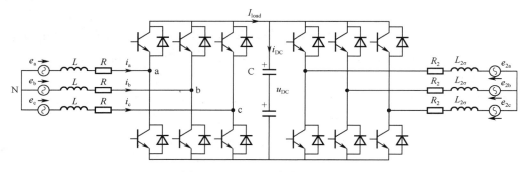

图 4.12　双 PWM 变换器主电路

该双 PWM 变换器由两个三相电压源型 PWM 变换器通过直流链连接，依靠直流环节中的滤波电容 C 来稳定直流母线电压。双馈风力发电系统在正常运行模式下，转子侧变换器（Rotor Side Converter，RSC）向双馈发电机的转子绕组馈入所需的励磁电流，完成其矢量控制任务，对电网的有功和无功功率进行解耦控制，实现最大风能捕获和定子无功功率的调节。网侧变换器（Grid Side Converter，GSC）在实现能量双向流动的同时，不管转子功率的大小和方向怎样，都必须保持直流母线电压恒定，以及对网侧的功率因数进行调节，以确保变换器运行在单位功率因数（零无功功率）下。

如果将双馈发电机的转子等效为转子绕组电阻、电感和反电动势串联，则该电路结构是完全镜面对称的。e_{a}、e_{b}、e_{c} 为三相电网电压，$e_{2\mathrm{a}}$、$e_{2\mathrm{b}}$、$e_{2\mathrm{c}}$ 为转子三相反电动势，L、R 分别为交流进线电抗器或减压变压器的等效电感和电阻，$L_{2\sigma}$、R_2 分别为转子绕组相漏感和电阻。变换器中两个结构完全对称的 PWM 变换器，在转子不同的能量流向状态下，可交替实现整流和逆变的功能。当发电机亚同步运行时，网侧变换器工作在 PWM 整流状态，转子侧变换器工作在 PWM 逆变状态，使功率从电网经变换器输入转子绕组；当发电机超同步运行时，转子侧变换器工作在 PWM 整流状态，网侧变换器工作在 PWM 逆变状态，使功率从发电机转子绕组经变换器返回到电网，实现定子、转子双馈发电。

4.4.2　网侧变换器的控制

双馈风力发电系统变换器的结构与直驱风力发电系统的变换器结构完全相同，其网侧的功能也相同，因此网侧变换器控制结构也类似，如图 3.14 所示。网侧 PWM 变换器的主要功能是保持直流母线电压稳定、输入电流呈正弦特性和控制输入功率因数。直流母线电压的稳定与否取决于交流侧与直流侧的有功功率是否平衡。如果能有效地控制交流侧输入有功功率，则能保持直流母线电压的稳定。由于电网电压基本上恒定，所以对交流侧有功功率的控制实际上就是对输入电流有功分量的控制。输入功率因数的控制实际上就是对输入电流无功分量的控制，而输入电流波形的正弦特性主要与电流控制的有效性和调制方式有关。由此可见，整个网侧 PWM 变换器的控制系统可以分为两个环节，一个是电压外环控制，另一个是电流内环控制。

在现有网侧变换器的各种控制方法中，控制直流母线电压稳定的电压外环控制器基本相同，差别主要在电流内环控制器，采用不同的电流内环控制方式，会产生不同的有功电流指令，所以网侧 PWM 变换器的控制方式主要按电流内环控制器的不同，分为电流开环控制和电流闭环控制。电流开环控制也称间接电流控制，根据网侧 PWM 变换器的数学模型设计。控制器静态特性好，控制结构简便，不需要电流传感器，成本较低。由于其控制规律基于稳态方程，系统过渡过程符合其自然特性，而网侧 PWM 变换器的自然特性很差，所以在电流开环控制的暂态过程中，有将近 100% 的电流超调和剧烈振荡，系统的稳定性差，响应慢，很难实现，因此一般电流采用闭环控制。

4.4.3　转子侧变换器的控制

交流励磁变速恒频双馈风力发电系统的控制主要是对风力发电机的功率进行控制，这是通过转子侧 PWM 变换器实现的。因此，对转子侧 PWM 变换器控制的研究与整个变速恒频风力发电系统运行控制紧密相连。在此，采用矢量变换控制技术，通过对转子侧 PWM 变换器的各分量电压、电流的调节来实现控制过程。

考虑到不论是处于电动机状态还是发电机状态，双馈发电机都运行在工频的状况下，定子电阻压降比电抗压降和发电机反电动势要小得多，故可以忽略定子绕组电阻。采取定子磁链定向时，将定子磁链矢量方向定位在旋转坐标系的 d 轴上，如图 4.13 所示，则定子电压矢量将落在超前 d 轴 90° 的 q 轴负半轴上，这样就可以将前文推导得到的双馈发电机在旋转坐标系中的数学模型进一步简化，从而得到矢量控制所需的控制方程。

将定子磁链定向在旋转坐标系的 d 轴上，可知

$$\begin{cases} \psi_{ds} = \psi_s \\ \psi_{qs} = 0 \end{cases} \tag{4.51}$$

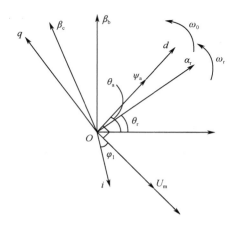

图 4.13 定子磁链定向示意图

那么式（4.46）就转化为

$$\begin{cases} \psi_s = L_s i_{ds} + L_m i_{dr} \\ 0 = L_s i_{qs} + L_m i_{qr} \end{cases} \tag{4.52}$$

不考虑定子电阻的影响，对于按发电机按惯例有

$$u_1 = -e_1 = -\frac{\mathrm{d}\psi_s}{\mathrm{d}t} \tag{4.53}$$

将式（4.51）和式（4.53）代入式（4.44）得到

$$\begin{cases} u_{ds} = 0 \\ u_{qs} = -\omega_e \psi_s \end{cases} \tag{4.54}$$

由图 4.14 可知 $u_{qs} = -U_m$，代入式（4.54）可得

$$\psi_s = \frac{U_m}{\omega_e} \tag{4.55}$$

式中，U_m 为定子电压幅值。由式（4.55）可知定子磁链是恒定不变的。

根据式（4.52）中的磁链表达式，可以推导出 d、q 轴定子、转子电流之间的关系为

$$\begin{cases} i_{ds} = \dfrac{\psi_s - L_m i_{dr}}{L_s} \\ i_{qs} = -\dfrac{L_m}{L_s} i_{qr} \end{cases} \tag{4.56}$$

将式（4.56）代入式（4.47）得到

$$\begin{cases} \psi_{qr} = \dfrac{L_m L_r - L_m^2}{L_s} i_{qr} = \sigma i_{qr} \\ \psi_{dr} = -\dfrac{L_m}{L_s} \psi_s + \dfrac{L_s L_r - L_m^2}{L_s} i_{dr} = -\dfrac{L_m}{L_s} \psi_s + \sigma i_{dr} \end{cases} \tag{4.57}$$

将式（4.57）代入式（4.45）可得

$$\begin{cases} u_{dr} = (r_2 + \sigma p)i_{dr} - \omega_{sl}\sigma i_{qr} = u'_{dr} + \Delta u_{dr} \\ u_{qr} = (r_2 + \sigma p)i_{qr} + \omega_{sl}\sigma i_{rd} - \omega_{sl}\dfrac{L_m}{L_s}\psi_s = u'_{qr} + \Delta u_{qr} \end{cases} \quad (4.58)$$

式中，

$$\begin{cases} u'_{dr} = (r_2 + \sigma p)i_{dr} \\ u'_{qr} = (r_2 + \sigma p)i_{qr} \end{cases} \quad (4.59)$$

$$\begin{cases} \Delta u_{dr} = -\omega_{sl}\sigma i_{qr} \\ \Delta u_{qr} = \omega_{sl}\sigma i_{rd} - \omega_{sl}\dfrac{L_m}{L_s}\psi_s \end{cases} \quad (4.60)$$

发电机的电磁转矩可以用转子电流来表示，即

$$T_{em} = \frac{3}{2}n_p\frac{L_m}{L_s}(\psi_{qs}i_{dr} - \psi_{ds}i_{qr}) = \frac{3}{2}n_p\frac{L_m}{L_s}\psi_s i_{qr} \quad (4.61)$$

发电机定子吸收的无功功率为

$$Q_s = \frac{3}{2}(u_{sq}i_{sd} - u_{sd}i_{sq}) = \frac{3}{2}\omega_{sl}\psi_s i_{ds} = \frac{3}{2}\omega_{sl}\psi_s\frac{\psi_s - L_m i_{dr}}{L_s} \quad (4.62)$$

在旋转坐标系中，发电机定子侧的有功功率为

$$P_s = \frac{T_{em}\omega_{sl}}{n_p} = \frac{3}{2}\omega_{sl}i_{qr}\frac{L_m\psi_s}{L_s} \quad (4.63)$$

由式（4.62）和式（4.63）可知，双馈发电机定子有功功率 P_s 和无功功率 Q_s 分别与转子电流的转矩分量 i_{qr} 和励磁分量 i_{dr} 呈线性关系，通过调节两个电流分量就可以独立地控制定子的有功功率和无功功率，从而对两者实现解耦控制。

通过以上分析得到的双馈发电机定子磁链矢量控制系统框图如图 4.14 所示。整个系统为外环和内环双闭环控制结构，外环为功率控制环，内环为电流控制环。将测量的定子、转子电流和电压，通过磁链表达式和功率表达式计算得到定子磁链 Ψ_s、定子有功和无功功率 P_s、Q_s；定子的有功功率指令 P_s^* 可以由风轮机功率转矩特性根据实际情况来确定，而无功功率指令 Q_s^* 则由电网调度的需要来确定。将指令 P_s^* 和 Q_s^* 分别与定子的有功功率 P_s 和无功功率 Q_s 进行比较，比较得到的偏差通过 PI 调节器得到转子有功和无功电流分量的给定指令 i_{qr}^*、i_{dr}^*，再将其分别和转子电流的实际值 i_{qr}、i_{dr} 进行比较，其偏差通过电流 PI 调节器，得到转子电压控制指令的解耦项 u'_{qr}、u'_{dr}，分别加上转子电压的补偿分量 Δu_{qr}、Δu_{dr} 后，则可以得到转子电压控制指令 u_{qr}^*、u_{dr}^*，经过 2r/2s 变换得到用于控制变换器输出的静止坐标系电压给定 $u_{\beta r}^*$、$u_{\alpha r}^*$。根据三相电网电压 u_a、u_b、u_c，计算出定子电压空间矢量的幅值 U_m 和相角 θ^*。

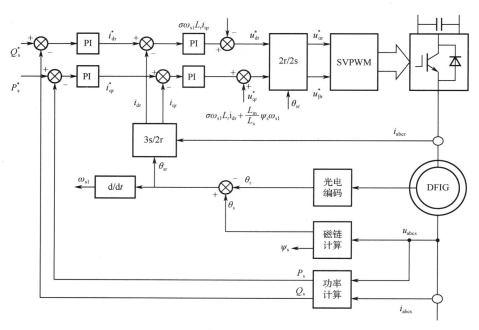

图 4.14　双馈发电机定子磁链矢量控制系统框图

4.5　实验验证

双馈风力发电模拟实验系统如图 4.15 所示,由双馈发电机、双 PWM 变换器及 DSP 控制系统和直流电动机及其调速加载柜等组成。用直流电动机作为原动机拖动双馈风轮机,通过调节直流电动机的转速来模拟风轮机的特性。双馈风力发电机的参数如表 4.1 所示。

双 PWM 背靠背式变换器采用美国 TI 公司生产的 TMS320F2808DSP 芯片控制,通过采集异步发电机的转子、定子电流,定子电压和电网电压,以及光电编码器所提供的转子的位置信号,输出控制发电机侧 PWM 变换器工作的驱动脉冲信号、并网合闸信号及显示信号等。网侧 DSP 控制单元通过采集交流侧的电网电流、电压及直流母线电压,生成SVPWM 脉冲信号驱动网侧的变换器。为减少并网时冲击电流有可能对电网造成的损害,在发电机定子和电网之间采用了隔离变压器,并网时采用准同期并网装置检测系统是否满足并网条件;触摸屏及 PC 用来对整个系统的参数进行监测和控制,实时显示系统工作状态、运行参数及故障报警等。DFIG 的功率控制实验波形如图 4.16 所示。

表 4.1　双馈风力发电机的参数

参　数	值	参　数	值	参　数	值
额定功率	12kW	频率	50Hz	转子电阻	0.314mH
极对数	3	定子电阻	0.379mH	转子漏感	2.2mH
定子额定电压	380V	定子漏感	1.1mH	互感	42.8mH
转动惯量	$0.962\text{kg}\cdot\text{m}^2$				

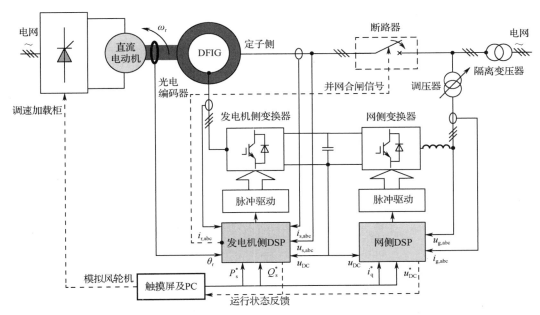

图 4.15　双馈风力发电模拟实验系统

图 4.16（a）所示为双馈发电机从亚同步到超同步转速的过程中电网电压 u_g、定子电压 u_s、定子电流 i_s 及转子电流 i_r 的波形。在这个过程中，定子电流保持稳定不变，转子电流的频率和相位发生了较大的变化，这说明转速的变化只引起转差功率的流动，通过调节转子侧的励磁电流不会对电网电压产生影响，从而使双馈发电机实现了变速恒频控制。

由图 4.16（b）可见，通过调节无功功率可以改善功率因数，定子电压和电流的相位相反，能量将从发电机流向电网，当转速不变时，发电机将保持稳定运行。

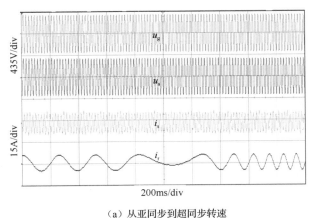

（a）从亚同步到超同步转速

图 4.16　DFIG 的功率控制实验波形

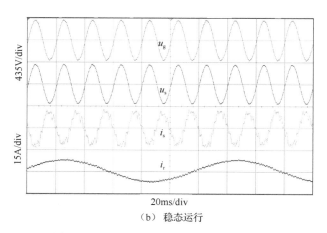

图 4.16　DFIG 的功率控制实验波形（续）

4.6　本章小结

　　本章主要探讨双馈风力发电系统的运行原理和控制策略。首先阐述了双馈发电机中定子、转子有功功率、无功功率的性质，转子励磁容量不但和转子电压大小有关，而且与电机的转差率有关，因此采用矢量控制方法控制转子电压，从而控制转子电流，就可以单独控制有功和无功功率。这说明在确定发电机的调速范围时，要考虑发电机转子变换器的励磁容量，发电机的转速范围越宽，风力发电机组在较宽的风速范围内具有较高的效率，捕获的风能越多，但所需变换器的容量越大，成本越高。

　　接着对异步发电机的数学模型进行了分析，通过转子侧变换器采用定子磁链定向、网侧变换器采用电网电压定向的矢量控制策略，得出了双馈风力发电系统变换器的控制框图（控制策略的仿真实验见第 5 章），并与改进的定子磁链定向矢量控制策略进行对比。最后构建了风力发电系统模拟实验系统，通过实验证明了双馈发电机从亚同步到超同步转速的过程中，转子电流的频率和相位发生较大的变化，定子电流保持稳定不变，转速的变化只引起转差功率的流动，通过调节转子侧的励磁电流不会对电网电压产生影响，从而使双馈发电机实现了变速恒频控制。

第5章　风力发电机组的低电压穿越技术

近几年来，风电的大规模并入电网对电力系统的安全稳定和调度运行产生了很大的影响，主要原因如下。

（1）风速的随机性使得风力发电机组输出的功率难以准确预测，从而难以制订电网的运行计划方案。

（2）弱电网中风电注入功率过高，从而引起电压稳定性降低。

（3）风力发电机组在电网瞬态故障时有可能加剧电网故障，甚至引起局部电网崩溃。

（4）大量风电并入电网会改变系统的功率潮流，给电网的运行规划带来难题。

（5）风电并网给电网带来电能质量问题，如谐波污染、电压波动及闪变；也可能对系统的功角、频率及电压稳定性产生不利影响。

因此，对风轮机组的并网技术进行研究，制订能够考虑风电特点的发电和运行计划方案，研究风力发电系统的低电压穿越技术，分析风电并网的穿透功率，以及研究新的无功补偿措施和电网电压支持控制策略等是十分重要的课题。

一些电网规范规定并网风轮机必须满足相关并网要求，这其中包括通过不断地调节送入输电系统的有功和无功功率来提高对电压和频率进行控制的能力及风电场必须提供的功率调整率。有些要求可以通过对某些风力发电机组采用特定的控制方案来满足，如对带电力电子变换器的风力发电机组进行无功功率控制。

目前可采用的并网手段有交流线路、常规高压直流（HVDC）线路和基于电压源换流器（VSC）的高压直流线路并网。其中，交流线路所占比例最大，因为它具有成本低、电能变换较容易的特点，但是当输电线路的距离较远，超过一定距离后，交流输电的成本会增加，因为它需要采用三根输电线。而且，距离较远会产生很大的容性无功电流，需要大量的无功补偿。同时，交流并网要求风力发电机组、风电场和它所连接的交流系统保持同步运行。常规 HVDC 适用于容量很大、距离很远的情况，线路造价较低，损耗很小，可靠性高，但换流站费用很高，需要大量无功补偿设备，谐波次数低，尤其不能接弱交流电网，有功和无功不能单独控制，制约了其在风力发电中的应用。近年来，全控型电力电子器件（如 GTO、IGBT 等）在电压源型逆变器 HVDC 输电中的使用，克服了常规 HVDC 的缺点，可以灵活、独立地控制有功功率和无功功率，能够连接弱交流系统或无源系统，可向弱交流系统供电，并有利于形成多端直流系统，谐波含量也降低了，但还存在容量小、成本高和损耗大的缺点。因此，要将直流输电系统应用于风力发电系统，还有许多关键技术需要进行研究，目前主要是将风电并入交流电网。

5.1　风电的并网要求

一些电网规范规定并网风轮机必须满足的并网要求包括频率和有功功率控制、短路功率和电压变化、无功功率控制、闪变、谐波和稳定性等方面。

5.1.1　频率和有功功率控制

风力发电机组的输出功率和电力系统中的负荷都会随时间发生变化，当发电容量与用电负载之间出现有功功率不平衡时，系统频率就会发生变动，出现频率偏差。目前，世界范围内使用的电源和配电系统大多是基于交流系统的。传统电力系统中多使用同步发电机，电力系统的频率与系统中运行的同步发电机的转速呈正比变化，在同一个交流系统中发电机是同步的，运行在同一转速。系统中电气负荷的增加将会使发电机转速降低，并降低频率。系统频率控制的任务是增大或减小发电机发出的功率，以使发电机运行在规定的频率范围内。若将大量风电接入系统，势必会替代电网中部分同步机组，这部分同步机组的调频能力必须由其他同步机组或风力发电机组来承担。定桨距失速风力发电机组不能控制自身的有功功率输出，只能依赖电力系统的频率调整装置进行电网频率调节。而变桨距风力发电机组因其可控制风轮吸收的机械功率，可以控制自身有功功率的输出，但是以损失发电量作为代价的。改善这种情况的方法是使用"能量储存"技术，如使用蓄电池、泵储存技术和燃料电池等。

风电具有不稳定性和间歇性，需要系统具有一定的旋转备用容量，以防止失去容量后造成系统频率的下降，同时提高系统中其他机组的频率和电压的相应调节能力，可以改善风力发电功率随机性造成的系统频率和电压的波动。

5.1.2　短路功率和电压变化

尽管在电力系统中给定点的短路功率不是关系到电压质量的直接参数，但是电压质量的测量标准之一，对电压质量有重要的影响。电网吸收干扰的能力直接与短路功率有关。

现在考虑电网中某点，假定离该点较远的电压不会被该点的状况所影响。Z_k 是该点与远处某点之间的等效阻抗，U_k 是该点的额定电压，短路功率级 S_k（MV·A）可以根据 U_k^2/Z_k 计算。强电网或弱电网是风力发电中经常使用的术语。若 Z_k 较小，在公共耦合点（PCC）处的电压变化就较小（强电网）；若 Z_k 较大，PCC 处的电压变化就较大（弱电网）。

图 5.1 表示一个通过短路阻抗 Z_k 连接到电网的等效风力发电机组，U_g 表示远处母线的电网电压，U_p 表示 PCC 处的电压。机组输出的有功和无功功率分别用 P_g 和 Q_g 表示，它们对应的电流为

$$I_g = \left(\frac{S_g}{U_g}\right)^* = \frac{P_g - jQ_g}{U_g} \tag{5.1}$$

系统和连接点的电压差为

$$U_p - U_g = \Delta U = Z_k I_g = (R_k + jX_k)\frac{P_g - jQ_g}{U_g}$$

$$= \frac{R_k P_g + X_k Q_g}{U_g} + j\frac{P_g X_k - Q_g R_k}{U_g} = \Delta U_p + j\Delta U_q \qquad (5.2)$$

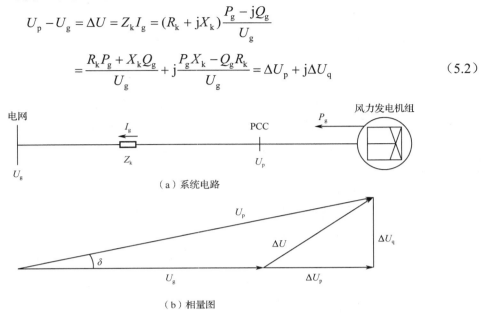

（a）系统电路

（b）相量图

图 5.1　连接到电网的等效风力发电机组

从式（5.2）可看出，系统和 PCC 之间的电压差与传递到系统的功率有关，包括机组的有功和无功功率，此外还与线路的短路阻抗参数 R_k 和 X_k 有关。很显然，如果机组输入到电网的功率发生变化，将导致 PCC 处的电压变化。不管风电场的装机容量是多大，或采用哪种风力发电技术，将风电接入电网后必然都会对所接入电网的稳定性产生影响，随着并网风电量的增加，还会对电网的暂态稳定性和频率的稳定产生影响。电力电子器件的热时间常数很短，它们对过电流很敏感。一旦检测到 PCC 处有小的压降，风力发电机组就会很快从电网中断开，以保护变换器。一个含有大量风电的局部电力系统由于小的压降而从电网中断开时，会导致整个电力系统的不稳定，甚至造成大范围的停电事故。为了将风电很好地并入电网，对 PCC 母线电压波形的要求是很严格的。因此需要维持和控制不同运行条件下的 PCC 母线电压，PCC 处的电压应维持在电网规定的极限值内。

由以上分析可知，风力发电机组的运行会影响所连接电网的电压，如果有必要，应采取措施确保风力发电机组的安装不至于使电压幅值超出规定的极限值。通常使用柔性交流输电系统（FACTS）装置，如静态无功补偿器（SVC）和静态补偿器（STATCOMS），作为无功补偿装置，用来控制 PCC 的无功功率，以对母线电压进行调节。逆变器也能调节无功功率，改善电网的电压波形，如果能对它们进行适当的协调，可获得更好的效果。

5.1.3　无功功率控制

系统的无功功率不平衡是引起系统电压偏离额定值的根本原因。传统的无功功率概念与储存在电力系统中的电容性和电感性元件中的能量有关，即在电容性元件中产生无功功率，而在电感性元件中消耗无功功率。通过控制发电机励磁电流的大小，同步发电机可以产生，也可以消耗无功功率。

系统中无功功率不平衡意味着将有大量无功电流流经供电线路和变压器，会引起系统电压降落和功率损耗。由于流进电力系统中较大的无功电流在输电线中会引起较大的压降，可能引起系统电压不稳定，因此对无功功率进行控制是很重要的。

风力发电机组的无功补偿对风电场的输出特性有很大的影响，安装动态无功补偿装置可以提高风力发电系统的电能质量和稳定性，也能有效提高最大接入容量。变速恒频风力发电机组通过变换器与电网相连，可以调节风力发电机组的功率因数，改善风力发电系统的运行特性。

为了降低功率损耗和增加电压稳定性，要根据当地电网或配电公司的要求对风轮进行补偿。对带有 PWM 变换器系统的风轮，可以用变换器对无功功率进行控制。例如，这些风轮的功率因数可以控制为 1，也可以通过控制无功功率（产生或消耗）来控制电压。

5.1.4　闪变

闪变是电压波动引起的一种现象，是电光源的电压变动造成灯光照度不稳定的人眼视觉反应。风速是变化的，使风力发电机组输出功率也发生变化，可能使所并电网中的某些节点产生电压波动（用有效值表示）。风电场并网引起的电压波动和闪变，取决于波动的频率和大小。

风况对风力发电机组引起的电压波动和闪变有直接的影响，尤其是湍流强度。另外，若风力发电机组所并入的系统为弱电网，则也会引起电压变动和闪变。若 PCC 处的短路比较大，且 X/R 的值适当，则能使风力发电机组引起的电压波动和闪变减弱。风力发电机组在并网、停机和脱网过程中也会引起电压波动和闪变。风电并入电网引起的电压波动和闪变是一个固有的问题，可以从以下两个方面来减弱电压波动和闪变：一是从系统方面，通过静止无功补偿装置或有源电力滤波器等设备来实现；二是通过控制方法尽量稳定风力发电机的输出功率来抑制。

闪变可以根据测量统计方法的结果确定，即通过对大量观察者的闪变视感程度进行抽样调查，经过统计分析后找出相关规律性的关系曲线，最后利用函数逼近方法获得闪变特性的近似数学描述。

可允许的闪变极限一般是由电力公司规定的。风轮输出功率的快速变化，如发电机转换和电容器切换，也能导致电压有效值的变化。发电机组的运行不应引起过度的闪变。

5.1.5　谐波

谐波是与电压和电流波形畸变有关的一种现象。不同次数的谐波会对不同形式的电气装置带来各种损坏。在电力系统中，产生谐波的根本原因是系统中的非线性元件，即风力发电机组中的电力电子元件，而风力发电机组本身产生的谐波的影响并不大。定桨距失速风力发电机组在并入电网的过程中，需要使用软开关装置，这会引起谐波电流，但由于这个过程持续的时间并不长，所以对电网的实际影响并不大。当启动过程结束后，软开关装置要从系统中断开，也就是说，定桨距失速风力发电机组在运行过程中没有电力电子器件的参与，因此不会产生谐波电流。目前，变速恒频风力发电系统中使用 PWM 功率变换器，而变换器从并网到运行，始终处于工作状态，于是系统中始终存在谐波电流。因此，通常会在变速恒频风力发电系统中安装一些滤波装置以过滤谐波电流。PWM 功率变换器的开关频率通常可达到几千赫兹，高频谐波的幅值较小，容易用滤波器滤掉。

5.1.6　稳定性

随着并网风电场装机容量的不断增加，风电场输出功率的间歇性和波动性给电力系统的电压稳定性造成了严重的影响。目前，解决静态电压稳定性问题的主要方法有无功补偿、无功潮流的合理分布、带负荷调整变压器分接开关、加强电网结构等。对风电场并网引起的电压稳定性问题，通常采用在风电场母线上安装电容器组，以补偿风力发电机组的无功需求。

一般认为大规模风电并入电网引起的电压稳定性属于动态稳定范畴，通常还与电网中各种形式的故障有关，如输电线的跌落和短路。由于过载或元器件故障引起的输电线路电压的跌落会打破功率流（有功和无功）的平衡，尽管运行中的发电机容量足够大，但会突然产生一个大的压降。另外，电网的强弱对电压稳定性也有很大的影响，大规模风电接入弱电网时，若发生不可控制的电压降落，由于缺乏足够的动态无功补偿，则会有电压崩溃的危险。

5.2　风力发电机组的并网过程

将风力发电机组并入电网时，会产生瞬变电流，给电网带来冲击。当电网的容量比发电机的容量大得多（大于 25 倍）时，发电机并网时产生的冲击电流对电网的影响可以忽略。但当风力发电机组单机容量相对于电网来讲较大时，产生的冲击电流较大，将会危及电网的安全。例如，单机容量达到兆瓦级时，机组对电网的冲击就不能忽视，严重时不但会引起电力系统电压的大幅下降，而且可能使发电机组各部件损坏，甚至会造成电力系统的解列及威胁到其他发电机组的正常运行。

发电机组并网的主要任务是限制发电机在并网时的瞬变电流，对发电机进行并网前调节以满足并网条件，即发电机定子电压和电网电压在幅值、频率和相位上均应相同。对于定桨距失速机组和全桨变距有限变速机组，发电机并网过程采用晶闸管限流软切入，过渡过程结束时，旁路接触器合上，晶闸管被切除，机组进入发电运行状态。变速恒频风力发电机组可以通过对变换器进行适当的控制来实现无冲击并网和脱网。例如，通过变换器的同步并网技术和变桨距角系统控制功率的方式，直驱风力发电机组可实现并网过程的最小冲击。

5.2.1　双馈风力发电机组的并网控制

DFIG 有两种并网方式，即空载并网和负载并网。

DFIG 空载并网，通过提取电网的电压信息（频率、相位和幅值）作为 DFIG 控制系统实现励磁调节的依据，在启动阶段通过调节 DFIG 的定子空载电压与电网电压的频率、相位和幅值一致实现并网，其有功功率为零，无功功率全部由转子电流提供，不参与风轮机能量和转速的调节。

DFIG 负载并网，根据电网信息和定子电压、电流对 DFIG 进行控制，在满足并网条件时实现并网，并网后根据实际的风速和电网的要求动态调节发电机输出的有功、无功功率，参与风轮机的能量控制。

空载并网时需要风轮机具有足够的调速能力，对风轮机的要求较高；负载并网时发电机具有一定的能量调节作用，可与风轮机配合实现转速的控制，降低了对风轮机调速能力的要求，但控制较为复杂。

通过对变换器的控制作用，双馈风力发电机组可以实现无冲击并网。

机组在自检正常的情况下，风轮处于自由运动状态。当风速满足启动条件且风轮正对风向时，变桨距角调节机构驱动桨叶至最佳桨距角处，风轮带动发电机保持在切入转速上。此时，风力发电机组主控制系统若认为一切就绪，则发出命令给变换器，使之执行并网操作。变换器在得到并网命令后，首先预充电回路对直流母线进行限流充电，在电容电压提升至一定程度后，网侧变换器对直流母线电压进行调制，使其稳定，然后发电机侧变换器进行调制。

在发电机转速基本稳定后，通过网侧变换器对励磁电流幅值、相位和频率进行控制，使发电机定子空载电压的幅值、相位和频率与电网电压的幅值、相位和频率严格对应，在这样的条件下闭合并网断路器，实现准同步并网。

5.2.2　直驱风力发电机组的并网控制

当电力系统及风力发电系统正常且风速大于等于风力发电机组的启动风速时，风力发电机组启动，然后启动变换器来跟踪电网电压幅值、电流幅值、电网频率及相序，在完全同步后闭合发电机接触器，完成并网。并网后，风力发电机组变桨距角系统控制桨距角使吸收的风能逐渐增大，风力发电机组的输出功率也随之提高。直驱风力发电机组可实现并网过程的最小冲击。

5.3　直驱风力发电机组的低电压穿越技术

十几年前，大多数电网规范不要求风轮在电网受干扰期间支持电力系统电压恢复，当检测到电网电压不正常时，只需要将风轮从电网中脱离开来。然而，最近几年，随着风电在电力系统中所占份额的增加和机组单机容量的不断提高，发电机组与电网之间的相互作用也越来越强，对电力系统运行特性的影响引起了广泛的关注。新的电网规范要求并网的风力发电机组具有电网故障时的低电压穿越能力。图 5.2 所示为欧洲 E.ON 标准中的低电压穿越能力曲线。

在图 5.2 中，斜线以上部分的区域表示在电网故障期间不允许风力发电机组从电网中断开；斜线以下的区域表示允许发电机组从电网中脱开，并且要求发电机组向电网发出无功功率，以加快系统的恢复速度。

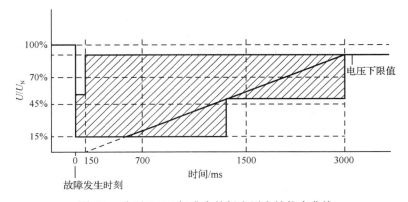

图 5.2　欧洲 E.ON 标准中的低电压穿越能力曲线

对于风力发电机组，新的电网规范基本上要求具有类似于传统发电机组的运行特性。在这些要求中，主要关注的是风轮机组故障穿越能力和风轮机组对电网电压的支持能力，即为了确保电网安全可靠运行而需要进行电压控制。故障穿越能力主要是对风轮机组中变换器控制器的设计，以便在电网故障（如短路故障）期间风轮机组能够保持联网运行。

5.3.1　电网电压跌落概念

参照美国电气和电子工程师协会（IEEE）第 22 标准协调委员会（电能质量）和其他一些国际委员会的推荐，描述电能质量问题的术语主要包括电压不平衡、过电压、欠电压、电压跌落、电压骤升、供电中断、电压瞬变、电压切痕、电压波动和闪变等。其中，前三个属于稳态电能质量问题，后几个属于动态电能质量问题。大量统计数据表明，在影响电能质量的干扰中，电压跌落是发生频率最高、影响程度最严重、造成经济损失最大的一类动态电能质量问题。因此，研究最多的是电压跌落的情况，电压跌落会严重影响电压源变换器（VSC）的性能，在将大功率变速风轮接入电网时，使用最普遍的是电压源变换器。

在风力发电系统中，网侧变换器采用电网电压定向，电压跌落会严重影响电压源变换器的性能。在大多数情况下，电压跌落是由短路故障引起的。针对电网故障电流引起的电网电压跌落，通常有四种不同的情况，即电网单相接地、电网两相接地、电网两相相间短路和电网三相短路引起的电压跌落故障。其中，单相接地占了大部分，三相短路的比例不大，但一旦发生三相短路故障，情况就比较严重。

当电网中出现短路故障时，可以根据图 5.3 所示的等效电路对 PCC 处电压跌落幅值进行计算。

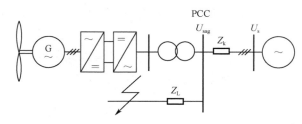

图 5.3　电压跌落的计算模型

忽略负载电流时，故障在 PCC 处引起的电压跌落，即负载端的电压跌落幅值为

$$U_{\text{sag}} = \frac{Z_{\text{L}}}{Z_{\text{L}} + Z_{\text{k}}} U_{\text{g}} \tag{5.3}$$

式中，U_{sag} 为电压跌落幅值，单位为 kV；Z_{L} 表示短路点到 PCC 处的线路上的阻抗，单位为 Ω；Z_{k} 表示 PCC 处与电网之间线路上的短路阻抗，单位为 Ω；U_{g} 为电源电压，单位为 kV。当 Z_{L} 与 Z_{k} 的 X/R 不相等时，电压相位角也会发生变化。

5.3.2　PMSG 风轮的低电压穿越

直驱风力发电机组采用双 PWM 全功率变换器将发电机发出的电能逆变成与电网频率相同后送至电网。在电网故障期间，电网电压将会下降。发电机侧变换器没有直接连接到电网，所以当故障发生时，它可以不受影响地继续将功率从风轮传递到功率变换器；而连接到电网的网侧变换器自动地受到电网故障的影响，由于变换器额定电流的限制，它不能将全部电功率从网侧变换器输送到电网，剩余的能量储存在直流环节的电容器内，使直流母线电压快速上升。而且，电网电压跌落时发电机电磁转矩下降，风轮机转子加速，如果在控制上不采取措施就会增加变换器和直流环电容器损坏的危险，甚至危及整个机组。因此，解决电网故障期间机组转子超速、交流电压和直流电压的升高等问题，是实现直驱风力发电机组低电压穿越的关键。

直流环节滤波电容 C 上储存的电能为

$$W = \frac{1}{2} C U_{\text{DC}}^2 \tag{5.4}$$

双 PWM 功率变换器功率流向图如图 5.4 所示。

图 5.4 中，P_{gen} 表示发电机输出功率；P_{g} 表示网侧变换器输出功率；P_{c} 表示经过电容的功率；P_{DC1} 表示发电机侧变换器输出功率；P_{DC2} 表示输入到网侧变换器的功率。流过电容的有功功率为

$$P_{\text{c}} = \frac{\text{d}W}{\text{d}t} = \frac{1}{2} C \frac{\text{d}}{\text{d}t} U_{\text{DC}}^2 \tag{5.5}$$

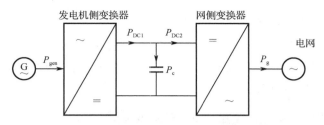

图 5.4　双 PWM 变换器功率流向图

网侧变换器等效电路如图 5.5 所示。

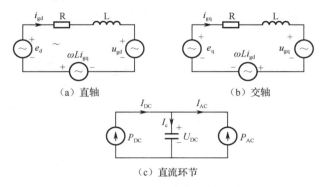

图 5.5　网侧 PWM 变换器等效电路

由图 5.5 可以得到

$$P_{AC} = \frac{3}{2}(e_d i_{gd} + e_q i_{gq}) = U_{DC} I_{AC} \tag{5.6}$$

由第 3 章的分析可知，在电网电压定向的旋转坐标系中，有 $e_q = 0$，$e_d = e$，因此式（5.6）可变为

$$P_{AC} = \frac{3}{2} e_d i_{gd} = U_{DC} I_{AC} \tag{5.7}$$

发电机侧变换器的输出功率为

$$P_{DC} = I_{DC} U_{DC} \tag{5.8}$$

根据功率平衡原则可以得到

$$I_{DC} U_{DC} = \frac{3}{2} e_d i_{gd} + C \frac{dU_{DC}}{dt} U_{DC} = I_{AC} U_{DC} + C \frac{dU_{DC}}{dt} U_{DC} \tag{5.9}$$

在理想情况下，电容稳态电压应保持不变，通过电容的电流应等于 0，此时功率平衡方程为

$$I_{DC} U_{DC} = \frac{3}{2} e_d i_{gd} = I_{AC} U_{DC} \tag{5.10}$$

双 PWM 变换器直流环节电容器的设计目的是可以在网侧和发电机侧变换器之间进行能量缓冲。理论上，若能保证流过网侧、发电机侧变换器的直流电流瞬时相等，则通过电容器的电流等于 0，不会引起直流母线电压的波动。实际情况是，网侧变换器中的电流控制环存在延迟性，使得发电机侧与网侧变换器的直流电流不可能保持瞬时相等，也就是说，

直流电压总会有一些小的波动。

低电压穿越技术不仅要对直流母线电压的波动进行抑制，而且要在电网故障期间和故障排除后向电网输送无功功率，以支持电网迅速恢复。目前，直驱风力发电系统低电压穿越技术的具体做法有以下几种。

1．在直流侧接耗能电阻、储能装置或辅助变换器

目前有许多文献对直驱风力发电机组在电网故障时的保护策略进行了研究，这些措施主要集中在直流母线电容上，如在直流母线电容两端接耗能电阻，如图 5.6 所示；在直流母线上接额外的储能装置，如图 5.7 所示；以及在直流母线上并联辅助变换器，如图 5.8 所示。

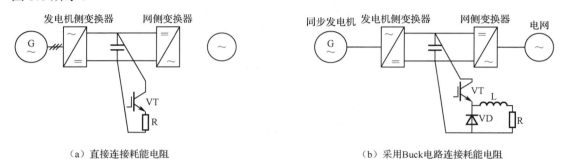

（a）直接连接耗能电阻　　　　　　　　　　（b）采用Buck电路连接耗能电阻

图 5.6　采用耗能电阻的低电压保护

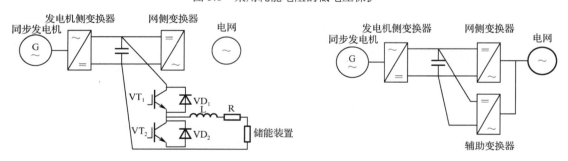

图 5.7　采用储能装置的低电压保护　　　　图 5.8　采用辅助变换器的低电压保护

在直流侧增加储能装置和辅助变换器，虽然能起到节能的作用，但增加了系统的成本，况且电网故障持续的时间一般不长，所以这种做法不太经济，使用的场合较少，从实现的简单性和经济角度考虑，比较适用的还是第一种。

要解决电网故障期间机组转子超速、交流电压和直流电压的升高等问题，除上面介绍的三种方案外，还可以采用控制桨距角和叶尖速比，以控制功率因数的方法。

2．采用风轮的桨距角控制

当电网电压跌落时，永磁同步发电机的电磁转矩会下降，发电机轴上将受到不平衡的转矩，导致发电机转速快速增加，此时若不及时调整桨距角来降低风轮机输出功率，发电机转速会进一步上升，最后损坏机组。

在传统控制策略中，可以在机侧变换器和网侧变换器之间设计一个交叉耦合控制器，当出现电网故障时，将故障信号传递到机侧变换器，机侧变换器开始对发电机功率进行控制以避免直流电容器内部的功率产生剩余。在电网正常的条件下，按照最大功率点跟踪控制策略来调节桨距角 β；当检测到电网电压跌落时，马上启用桨距角控制系统。

对桨距角进行控制有两种方法。一种是控制发电机的转速，向控制器输入发电机转速和发电机转速参考值的误差信号，如图 5.9 所示。为防止超速，将转速控制到额定值范围以内，然后通过增加桨距角使气动功率自动地减小。通过控制桨距角，发电机的动态稳定性增强了。

桨距角控制通过 PI 控制器实现。为了在桨距角控制系统中得到一个实际的响应，应在伺服机构模型中给出伺服时间常数 T_{serv}、桨距角 β 和它的变化率 $d\beta/dt$ 的极限，如图 5.9 所示。为了补偿非线性气动特性，采用桨距角的增益调整控制，K_{PI} 为比例控制系数。

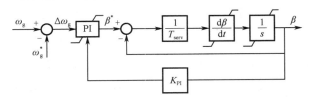

图 5.9　通过桨距角控制调节发电机转速

另一种方法是通过调节风轮机的功率因数来实现桨距角的控制，以控制发电机的输出功率。具体的做法是根据风轮机最大允许功率计算故障时的功率因数 C_{p_lim}，然后得到桨距角设定值，如图 5.10 所示。通过减小风力发电机组的功率因数来适应电网故障时功率的减小，使直流侧与电网侧的功率平衡，实现低电压穿越运行。

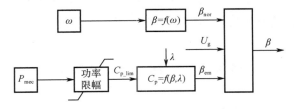

图 5.10　通过桨距角控制系统调节功率因数

由于桨距角直接控制发电机转速，在正常运行和电网故障时都能够防止发电机超速。这意味着为了改善电网故障时的动态稳定性，除了现有的桨距角控制方案，没必要设计另一个桨距角控制方案。但这个方案受桨距角调节机构等因素的限制，响应速度较慢。

3. 采用新型控制策略

直驱风力发电系统采用如图 3.17 所示新型控制策略，当电网出现故障时，虽然网侧变换器会受到电网故障的影响，向电网传递的功率小于正常运行时的功率，但发电机侧变换器不会受故障的影响，继续对直流母线电压进行控制。发电机侧变换器通过控制发电机的定子电压来控制发电机发出的功率，以维持直流环两侧功率的平衡并保持直流母线电压恒定。当发电机侧变换器平衡了直流母线电压时,就确保了将来自 PMSG 端的功率传输到了电网端。

通过以上分析可知,在直驱风力发电系统中采用传统控制策略时,功率不平衡出现在直流环节;采用新型控制策略时,功率不平衡转移到了风力发电机侧。电网故障期间不能通过变换器传递到电网的这部分功率可以储存为风力发电机的旋转势能,这将导致发电机的加速。当发电机的转速增加到额定值后,加速可以通过桨距角控制器控制抵消。因此,采用这种新型控制策略,在没有采用其他措施的条件下,也可以使系统获得一定的故障穿越能力。若在使用这种新型控制策略的同时使用斩波器,则可以进一步提高直驱风力发电系统的故障穿越能力。斩波器由一个卸荷电阻和一个电力电子开关组成,与直流环中的电容器并联,如图 3.17 所示。卸荷电阻的接入是由电力电子开关控制的,当直流母线电压超过临界值时就会触发斩波器,多余的能量将消耗在卸荷电阻中,使功率不平衡的问题得到解决。结果,电容器放电,直流母线电压下降到低于临界电压时,断开斩波器卸荷电阻。

4. 采用阻尼控制器

基于同步发电系统驱动链的扭矩特性,当系统受到激励,如风速变化或发电机端电压变化时,变速风轮的发电机转速容易出现次同步振荡,而次同步谐振是电力系统中的一个重要问题。在同步发电机转子回路加装阻尼绕组可以解决由感应发电机效应引起的次同步谐振问题;电力系统稳定器也是为抑制低频振荡而研究的一种附加励磁控制技术,它通过控制发电机励磁使发电机产生阻尼低频振荡的附加转矩,为转轴转速振荡提供阻尼作用。对于定速风轮而言,这样的转速振荡会很快趋于稳定,因为直接连接到刚性电网上的定速风轮发电机像笼型感应发电机一样有较陡的转矩转差率特性曲线。变速风轮的转子转速可以变化,因为发电机部分或全部与固定的电网频率解耦。在双馈风力发电机(DFIG)变速风轮结构中,定子绕组直接连接到电网上,而转子绕组通过一个变换器与电网相连。在这种结构中,发电机的转矩-转差特性由变换器控制,也可以像在定速风轮中那样用阻尼驱动链振荡的方法来抑制。在电网出现故障时,DFIG 控制系统也需要一个额外的阻尼控制器去稳定扭矩振荡,从而提高风轮的故障穿越能力(参见 5.4.4 节)。

直驱永磁同步发电机(PMSG)的风轮通过一个全功率变换器完全与电网隔离,发电机的频率与刚性电网频率解耦,因此也需要一个外部阻尼器来抑制驱动链的振荡。但基于直驱永磁同步发电机的结构特点,不能在转子回路中安装阻尼绕组,也不能像直流励磁同步发电机风轮那样通过改变发电机励磁来改变直流母线电压使其以阻尼速度振荡,因此直驱永磁同步风轮本身是一个不稳定的系统,必须从功率变换器控制策略方面采取措施来抑制振荡。

直驱永磁同步发电机的变换器根据实际的发电机转子转速,提供变化的定子电动势频率。定子磁场和转子磁场之间没有相对运动,不能在阻尼绕组中感应电压。再者,由于采用永磁励磁,PMSG 转子上没有励磁绕组,也不存在励磁绕组中感应的电流或产生的阻尼作用。另外,直驱永磁同步发电机运行在低速下,发电机需要更多的极数,因此极距很小,不能像传统的同步发电机那样采用阻尼绕组去抑制功率角振荡，所以连接到变换器的 PMSG 是没有阻尼系统的，是一个极不稳定的系统。

图 5.11 显示带全功率变换器的永磁同步风力发电机的转速以逐渐增加的振幅在振荡，直驱风轮结构本身没有阻尼作用，任何小的转速振荡都将很快地放大而引起系统的不稳定，即使在正常运行时也会引起系统最终损坏。因此，控制系统在正常运行时，除实现低风速时跟踪最大功率点运行和高风速时限制功率这两个目标外，还要稳定和有效地抑制存在于 PMSG 风轮驱动链中的振荡。

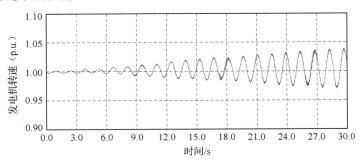

图 5.11　无阻尼系统直驱风力发电机转速振荡

由此可见，发电机转速变化引起的振荡可以通过控制输入到发电机的机械功率或发电机产生的输入到电网的电功率来抵消，也可以用不同的机械控制方案来抑制这些振荡。例如，在电网故障期间，借助桨距角调节使输入到发电机的机械功率减小，通过控制变换器送入电网的功率来抑制风轮结构驱动链振荡。然而，这种方法有一个缺点，就是对风轮注入电网的功率有负面影响，即转速振荡使输入到电网的电功率的振荡变得明显。

也可以在直接与风轮机耦合的定速风轮中采用一个机械的阻尼系统，即用弹簧和黏性阻尼器将定子连接到风轮机舱室内，允许定子在一个有限的范围内旋转。与传统的阻尼绕组相比，若能恰当地选择弹簧刚度和阻尼系数，这个方法能获得较好的阻尼效果，但缺点是需要一个机械阻尼系统，这里主要介绍电气阻尼系统。

分析风力发电系统在严重干扰下的稳态响应时，使用两质量机械模型可以使风轮在电网故障期间得到更精确的响应，以便更精确地预测电网故障对电力系统的影响。用 J_w 表示风轮机转子转动惯量，而用 J_g 等效于发电机转子转动惯量。

在电网故障时，电气转矩显著地减小，因此驱动系统就像一个松开的扭转弹簧。基于驱动链的这个特性，机械转矩、气动转矩和发电机转速 ω_g 以所谓的自由频率开始振荡，频率为

$$f_{osc} = \frac{1}{2\pi}\sqrt{\frac{k}{J_{eq}}} \tag{5.11}$$

式中，k 为驱动轴的刚度系数；J_{eq} 是驱动链模型等效的转动惯量，有

$$J_{eq} = \frac{J_w n_{gear}^2 J_g}{J_w + n_{gear}^2 J_g} \tag{5.12}$$

式中，η_{gear} 为齿轮箱传动比，对于直驱永磁同步风力发电机，有

$$J_{\mathrm{eq}} = \frac{J_{\mathrm{w}} J_{\mathrm{g}}}{J_{\mathrm{w}} + J_{\mathrm{g}}} \qquad (5.13)$$

由于存在几个延时机构，桨距角控制不能迅速地抑制扭转振荡，只能抑制发电机转速中较慢的频率振荡，较快的转速振荡必须用阻尼振荡控制器来抑制。调节阻尼振荡控制器可有效地抑制电网故障在驱动链中引起的扭转振荡，没有阻尼控制器的调节或阻尼控制器调节不够都可能导致驱动链系统的自激励，且有可能为了抵抗振荡进行保护而引起跌落。

直驱永磁同步发电机抑制转速振荡的方法可从电力系统中大容量同步发电机的电力系统稳定器（PSS）得到启发。电力系统稳定器是为了抑制低频振荡而设计的，它首先提取与振荡有关的信号，如功率、转速或频率，然后再对该信号进行处理，产生一个附加信号，用这个信号对发电机励磁进行控制，使发电机产生一个附加转矩来抑制低频振荡。

类似的方法被应用到直流励磁同步发电机风轮中——通过改变发电机的励磁控制直流母线电压来抑制转速振荡。设计思路是使用直流电路中的电容器作为发电机和电网之间的能量储存器（缓冲器），通过周期性地对电容器短期充、放电，使能量储存在电容器中，负载电流发生变化，继而影响转矩，从而抵消转速振荡和提供有效的阻尼。

将这个阻尼方法应用于多极 PMSG 风轮时，需要稍微进行调整，因为 PMSG 的磁场是固定的。在这种情况下，抑制转速振荡不能通过控制电气励磁来实现，但是可以通过控制功率变换器来实现。设计阻尼系统的思路是将转速振荡转换成有适当相位角和频率的振荡直流电压信号。阻尼系统如图 5.12 所示，由带通滤波器和相位补偿器两个模块组成。阻尼振荡系统的输入是发电机转速，输出为 Δu_{osc}。

图 5.12　阻尼系统

与 PSS 的情况类似，当提供一个与转速振荡同相位的发电机电气转矩分量时，可以实现多极 PMSG 风轮驱动链振荡的抑制。利用阻尼系统在发电机侧变换器控制器内产生一个参考信号，如图 5.13 所示。一般情况下，要保持直流母线电压恒定，但当系统需要电气阻尼时，将直流母线电压控制为由阻尼系统提供的参考值 U_{DC}^{*}，即

$$U_{\mathrm{DC}}^{*} = U_{\mathrm{DC}}^{\mathrm{set}} + \Delta u_{\mathrm{osc}} \qquad (5.14)$$

式中，Δu_{osc} 是一个与发电机转速振荡频率 f_{osc} 相同的正弦干扰信号。将它叠加在直流电压设置点 $U_{\mathrm{DC}}^{\mathrm{set}}$ 上。直流参考电压 U_{DC}^{*} 的定义如图 5.13 中的路径①所示。一旦相位角被识别，就可以实现相位补偿，如图 5.13 路径②所示。为了实现相位补偿，在稳态运行条件下，通过使用一个正弦干扰信号作为输入信号代替发电机转速来实现正确的相位角识别。

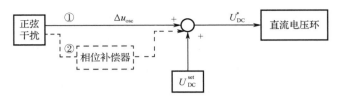

图 5.13　直流参考电压 U_{DC}^{*} 的定义

图 5.14 说明，在没有使用相位补偿器的前提下，由正弦干扰信号引起的发电机电气转矩超前正弦干扰信号 90°；当使用相位补偿器后，电气转矩与正弦干扰信号（输入信号）同相位。

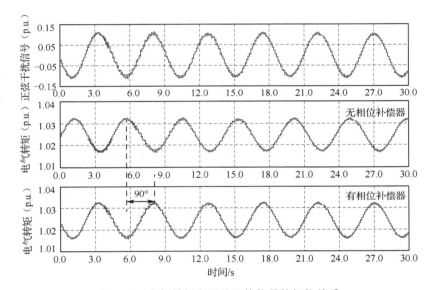

图 5.14　电气转矩和正弦干扰信号的相位关系

在一般装置中，带通滤波器只通过想要的或规定的频率信号，但对带宽外信号的作用效果会减弱。这里，将阻尼系统的带通滤波器设计成只通过自由频率的振荡（对所考虑的风轮为 10rad/s），而阻止其他所有的频率信号。带通滤波器不改变输入信号的相，为了在振荡频率中引入 90° 相位滞后，可用一个低通滤波器作为相位补偿器。通过设计一个很窄的带宽，带通滤波器允许相位补偿器只对自由频率的振荡起作用，而不对系统中现有的其他频率信号起作用。

图 5.15 说明了当系统突然受到激励，如风速变化 1m/s 时，阻尼系统对带全功率变换器多极 PMSG 风轮的阻尼效果。图 5.15 显示了在有阻尼系统和没有阻尼系统的情况下的风速、发电机转速和产生的有功功率的仿真波形。从图中可以看出，没有阻尼系统时，风速变化会激励产生大的振荡，发电机转速的振幅增加，使系统变得不稳定；而使用阻尼系统后，这些振荡很快被抑制了。因此，附加的阻尼系统可以提高带全功率变换器多极 PMSG 的运行稳定性。

在电网故障期间，由于电磁转矩和机械转矩之间不平衡，风轮开始加速。在这种情况下，阻尼控制器立即反应，试图通过控制直流电压参考值来阻止转速振荡。然而，也要注意阻尼控制器提供的直流母线电压参考值，只允许直流母线电压偏离额定值一个较小的值。这个操作本身会产生一个振荡的直流电压参考，应把它控制在变换器合理范围内。这个现象会产生转矩脉动，导致不稳定，这可以通过简单地限制直流电压参考信号或使用斩波器来避免。

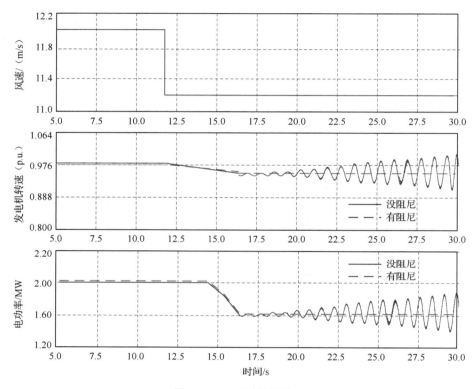

图 5.15   阻尼系统的效果

5.电网故障时直驱风力发电系统无功支持控制策略

电网电压显著跌落时，为了使电网电压得到快速恢复需要产生大量的无功功率，新的电网技术规范要求风力发电系统能在电网故障期间不仅仍能保持联网，而且能向电网提供无功功率，帮助电网迅速恢复到正常状态，并能够在电网要求的功率因数范围内安全地运行。风力发电系统变换器的电网电压支持能力不仅取决于注入电网的无功功率量，而且取决于从发电机到与电力系统连接点的线性特性。

直驱风力发电系统变换器可以对有功和无功功率进行单独的控制。在电网故障时，若使某个变换器运行在静止无功补偿模式，则可以给电网提供无功支持。也就是说，在电网严重故障时，若要 PMSG 风轮试图维持联网，可以根据电力系统操作人员制订的电网规范，设计一个特别的电网支持策略。图 5.16 所示为网侧变换器电压控制器，它根据公共连接点的实际电网电压 U_g 与它的参考值 U_g^* 之间的偏差，为网侧变换器的功率控制环提供无功功率参考信号 Q_g^*。

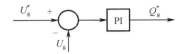

图 5.16　电压控制器

功率传递策略不仅要考虑变换器的性能，还要考虑故障穿越能力及对电网电压的支持能力。功率传递策略反映了风轮的三种运行条件：在电网故障期间和电网故障清除之后传递全部的有功功率、传递全部的无功功率及同时传递有功功率和无功功率。这三个控制策略唯一的限制是保持电流在规定的额定电流范围内。另外，为了满足机电条件，要求风力发电机的功率变化比较平稳，应考虑电网规范中关于电网故障后风力发电机组的输出功率变化率的规定，因此功率控制器的带宽要适宜。

（1）传递全部的有功功率：这个控制策略的目的是只传递有功功率给电网，但是不能超过风力发电机组的额定电流。这个控制策略可表示为

$$P^* = 3U^+ I_N, \qquad Q^* = 0 \tag{5.15}$$

式中，U^+ 是由锁相环检测的正序电压的有效值；I_N 是额定电流的有效值。

（2）传递全部的无功功率（电网电压支持 GVS）：这个控制策略的主要目的是通过控制风力发电机组传递到电网的无功功率来支持电网电压。这个控制策略可表示为

$$Q^* = 3U^+ I_N, \qquad P^* = 0 \tag{5.16}$$

当 $U^+ < 0.9U_N$ 时，风力发电机组从正常控制模式转换到电网电压支持模式，U_N 是正常运行条件下的额定电网电压；当 $U^+ \approx U_N$ 时，风力发电机组又从电网电压支持模式转换到正常控制模式。

（3）同时传递有功功率和无功功率：这个控制策略综合了前两种策略的特点，将有功功率和无功功率传递给电网。这个控制策略可表示为

$$Q^* = 6U^+ I_N \left(1 - \frac{U^+}{U_N}\right), \qquad P^* = \sqrt{(3U^+ I_N)^2 - Q^{*2}} \tag{5.17}$$

当 $U^+ < 0.9U_N$ 时，控制策略起作用；当 $U^+ \approx U_N$ 时控制策略失去作用。这个控制策略最显著的特点是能够在支持电压的同时传递有功功率，它有两种方案。

图 5.17 所示为直驱风力发电系统网侧变换器无功补偿控制框图，采用同时传递有功功率和无功功率的控制策略。无功电流参考值从电网电压外环 PI 调节器获得，即由图 5.16 所示的电压控制器得到无功电流后，计算出有功电流 $i_d^* = \sqrt{i_{max}^2 - i_{qref}^2}$ 的参考值，根据有功电流参考值与额定电流的大小，可以知道网侧变换器的电压 PI 调节器是否可以对直流侧电压进行调节，再决定是否投入直流侧卸荷电路。只有当有功电流参考值大于变换器额定电流时，才需要通过直流环的斩波电路来消耗或转移直流侧多余的能量，使直流侧电压保持在允许范围内或保持恒定。

在这种控制方案中，无功电流的参考值是由电网电压跌落的深度决定的，跌落得越深，所需要的无功电流就越大。因此，当电网电压跌落较深时，可能会威胁风力发电系统的安全。

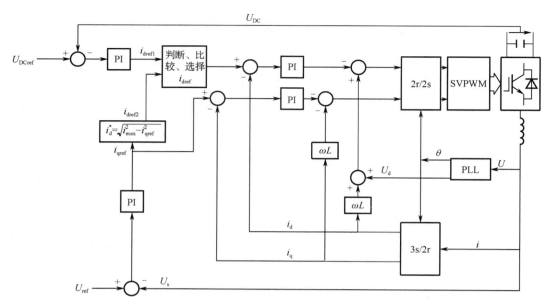

图 5.17　网侧变换器无功补偿控制框图 1

　　另一种控制方案如图 5.18 所示。在发生电压跌落时，首先将直流侧电压值由 Crowbar 电路控制在最大允许母线电压范围内，由电网电压外环 PI 调节器得到有功电流参考值，并将其控制在最大允许范围内，无功电流的参考值则根据 $i_{qref}=\sqrt{i_{max}^2-i_{dref}^2}$ 获得。该控制策略的目的是先通过 Crowbar 电路的保护，保证直流侧电压在允许范围内，再力求最大限度地输出无功功率来帮助电网恢复。

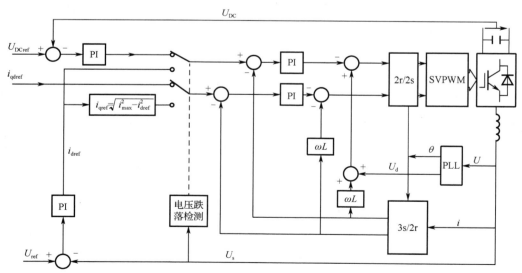

图 5.18　网侧变换器无功补偿控制框图 2

5.3.3　风力发电系统的低电压穿越

根据前面的分析得出，要实现风力发电系统在电网故障时的低电压穿越，就需要对正常和故障两种不同运行状态进行切换，切换的过程需要进行严密的逻辑控制。

图 5.19 所示为直驱风力发电系统低电压穿越控制结构框图，它是基于电容储能 Crowbar 电路、风力发电机转速调节（调整叶尖速比）和网侧变换器对电网无功支持的控制策略得到的。

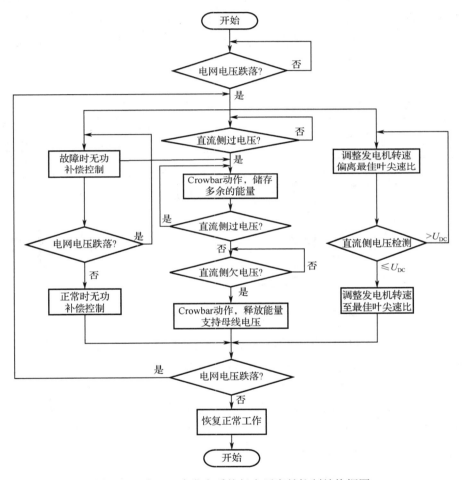

图 5.19　直驱风力发电系统低电压穿越控制结构框图

整个控制过程是：对电网电压进行测量，当检测到电网电压跌落时，网侧变换器的电压调节器投入工作，输出无功电流参考值，此时网侧变换器运行于无功补偿状态。同时直流侧 Crowbar 电路将直流母线电压控制在最大允许范围内，并根据功率参考值调节发电机的转速，使风轮机组偏离最佳叶尖速比，控制发电机的输出功率，以维持直流侧两端功率的平衡来抑制直流侧过电压。当电网恢复稳定后，系统则切换到正常运行时的控制策略，母线电压的控制也由网侧变换器直流电压环接管。当直流母线电压恢复至额定值后，根据最佳叶尖速比调整发电机转速，使系统运行在最大功率点跟踪状态。值得注意的是，当电网电压恢复稳定后，直流母线电压会出现瞬间的跌落，当它低于其下限值时，应启用Crowbar电路释放储存在储能装置中的能量以支持直流母线电压，直至网侧变换器电流恢复到额定值。

　　根据图5.19，使用 MATLAB 可以得到完整的直驱风力发电系统低电压穿越仿真模型，如图5.20所示。对模型运用 MATLAB/Simulink 进行仿真，仿真采用的是直流侧耗能 Crowbar 电路方案，仿真时间为0.8s，仿真波形如图 5.21 所示。假定在 0.2s 时发生电网电压跌落故障，电压下降的幅值为 40%，持续时间为 1s。仿真参数如下：额定功率为 2MW；储能电容为 25×4700μF，网侧变换器电流限幅为 1.5pu，直流母线电压的上限为 1.1pu、下限为0.85pu。

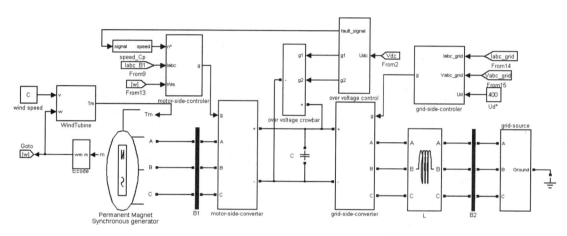

图 5.20　直驱风力发电系统低电压穿越仿真模型

　　图 5.21（a）所示为电网电压幅值跌落 40%后的电压波形。在电压发生跌落的瞬间，系统检测到这个故障后，迅速发出减小发电机转速的指令，如图5.21（b）所示，使风轮机迅速偏离最佳叶尖速比，风能功率因数迅速减小。图 5.21（c）、（d）所示分别为发电机和网侧变换器输出的有功功率波形，结果表明发电机转速下降后发电机发出的有功功率由额定功率减小到额定功率的 50%左右，网侧变换器输出的有功功率也减小了。图 5.21（e）所示为网侧变换器输出的无功功率波形，由于在故障期间网侧变换器启用了无功补偿控制，通过网侧变换器电流环的控制作用，有功与无功电流能迅速跟随给定值，分别如图 5.21（f）、（g）所示。图 5.21（f）所示为由电网电压外环 PI 调节器得到的有功电流 i_d 的波形。图 5.21（g）显示在电网电压跌落期间无功电流 i_q 由 0 变为 1.25pu，说明网侧变换器在电网电压跌落期间工作于无功输出模式。图 5.21（h）表示在直流侧 Crowbar 电路作用下，直流母线电压被限制在 1.1pu 内，当电网电压恢复到正常值后，网侧变换器的直流电压环将直流母线电压控制在额定值附近。若此时直流母线电压低于下限 0.85pu，则重新启动 Crowbar 电路，使之释放能量，支持直流母线电压上升。能量释放完毕之后，在网侧变换器电压环的作用下，母线电压恢复到额定值，低电压穿越过程结束。研究结果表明，在电网故障时，通过在直

流侧采用耗能 Crowbar 电路控制策略和通过电网电压调节器的作用，可以提高风力发电系统的低电压穿越能力，仿真结果证明了该无功补偿策略的有效性。

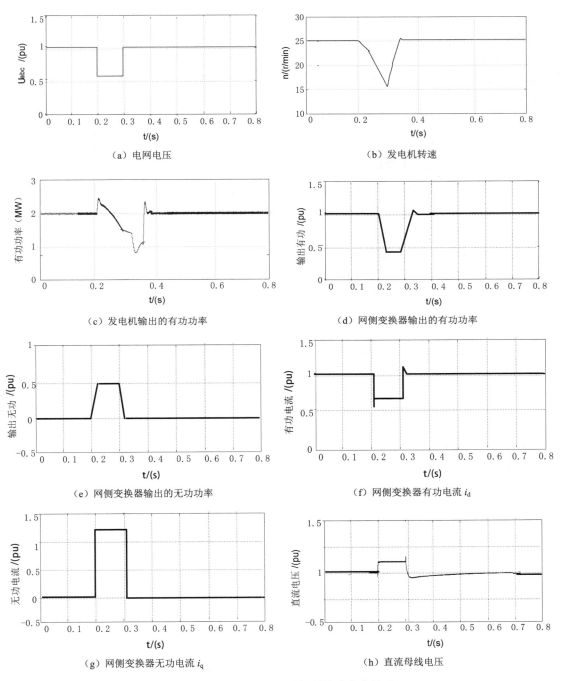

图 5.21　网侧变换器无功控制策略仿真波形

5.4　双馈风力发电机组的低电压穿越技术

5.4.1　低电压穿越运行的控制目标

双馈风力发电机组由于功率变换器位于转子侧，仅处理转差功率就可以调节风力发电机组的转速，实现对风能的最大捕获，变换器额定功率仅为发电机容量的三分之一左右。另外，发电机系统可以通过改变交流励磁电流的幅值和相位实现发电机组输出有功功率和无功功率的独立控制，保证风力发电系统运行于单位功率因数，可以减小电力系统的损耗。但是，正因为双馈风力发电系统采用了小容量变换器，使得它对电网故障相当敏感，减弱了系统抵御电网电压跌落的能力。国内外进行的一些研究表明，当电网电压跌落到一定数值时，如果不采取任何措施，双馈风力发电系统将会从电网中解列。这种情况对风力发电所占比例不高的电力系统来说是可以接受的，但对风电渗透较高的电力系统来说就会造成电网电压和频率的控制难题，更严重的会使系统崩溃。

为此，各大电力公司，特别是欧洲的电网运营商纷纷出台了风力发电设备的并网规范，并从电力系统稳定的角度出发，要求发电机组在电网故障、电网电压跌落时能够保持不脱网运行，即要求风力发电机组具备低电压穿越（LVRT）能力。

DFIG 低电压穿越运行的控制目标如下。

（1）保持电网故障期间不脱网运行，以防发电机从电网解列而引发弱电网更严重的后续故障。

（2）连续、稳定地提供无功功率，以协助电网电压恢复，减小电网电压崩溃的可能性。

（3）释放故障能量，抑制短路电流，保护励磁变换器和直流母线电容。

（4）保持电磁转矩瞬态幅值在转轴和齿轮可承受范围（额定转矩的 2～2.5 倍）之内。

（5）延缓转速上升，防止飞车。

电网故障时 DFIG 的影响是：定子直接连接在电网上，较大的干扰会在定子中产生较大的故障电流。基于定子和转子之间的磁耦合和电磁守恒定律，定子干扰进一步传递到转子。因此，在转子绕组中会感应较高的电压，也在转子中引起过大的电流。随故障而来的还有自转子端流向变换器的功率浪涌。因为故障会导致电网电压降落，网侧变换器不能将功率从网侧变换器进一步输送到电网，使额外的能量给直流母线电容器充电，即直流母线电压升高得很快。

为了限制过大的发电机电流和通过网侧变换器流向直流母线的不可控的能量流动，变换器必须有一个合适的保护系统。保护系统监视不同的信号，如转子电流和直流母线电压，当至少一个被监测的信号超过其继电器设定值时，保护系统被激活。

5.4.2　DFIG 风轮的低电压穿越措施

目前，DFIG 风轮机组应对低电压穿越主要有以下两种措施。

一种是通过改进控制策略，即通过对控制策略的优化使双馈风力发电机组具有低电压穿越能力。各国学者针对 DFIG 不对称电网故障提出了大量改进的矢量控制和直接控制方案，如改进的定子磁链定向矢量控制和改进的定子电压定向矢量控制等。这种方法无须增加硬件电路，仅改变系统转子侧变换器的控制策略，但仅适合在电压跌落幅度不太大的情况下使用。因为在电网故障引起电压下降较多时，为了平衡变换器直流环节两端的功率，要限制风轮机的输出功率，桨距角控制系统要发挥作用。但由于风轮机惯性较大，桨距角的调整较慢，因此仅仅通过控制策略的改进还不能有效释放系统中剩余的能量。另外，在电网出现严重故障的情况下，电网和 DFIG 暂态电磁过程会对励磁变换器产生严重的过电压和过电流的冲击，此时仅仅依靠改进的控制策略无法实现低电压穿越，必须依赖额外的硬件保护装置才能确保变换器和机组的正常运行。

另一种是用硬件装置释放过剩的能量，一般在电网故障引起电压降幅较大的情况下使用。从硬件实现的角度来看，常见的方法有使用 Crowbar 电路、采用能量储存系统（ESS）、使用定子侧的电子开关。使用定子侧电子开关的方法不是真正意义上的不脱网运行。通过增加能量储存系统控制电压跌落期间的直流电压，把故障期间多出的能量储存起来，在故障结束时将这些能量再次送给电网，可以解决使用 Crowbar 电路需要在不同运行状态间切换的问题，消除了切换造成的暂态过程，可对系统进行持续调控；缺点是无法对转子电流进行有效控制，若要保证变换器不会因过电流而损坏，则需选用较大的 IGBT，增加了系统的成本。采用 Crowbar 电路是目前最常见、最有效，也是唯一得到广泛应用的方法，ABB、SEG 等多个公司都采用这种方法。在电网电压跌落时采用 Crowbar 电路短接转子绕组，闭锁发电机励磁电源，并使转子侧变换器旁路，同时利用双馈风力发电机组控制的灵活性，即当电网故障使转子侧变换器短接而失去控制时，让网侧变换器作为 STATCOM 运行，给电网提供无功支持，帮助电网电压恢复，并可以继续向电网发出有功功率；当电网故障清除之后，转子侧变换器根据情况逐渐恢复功能，恢复向电网输送电能。GE、Vestas、Gamesa、Siemens、Enercon、Dewind 等国外大型风力发电整机厂商目前的主流双馈机型都具有故障运行能力。

1. 采用改进的双馈发电机定子磁链定向矢量控制

双馈发电机的电磁过渡过程不仅受到自身电磁特性的影响，还与转子侧变换器施加的励磁电压有关。在电网电压正常的情况下，第 4 章所述的传统的双馈发电机定子磁链定向矢量控制策略可获得较好的动态、静态响应；但当电网电压发生扰动时，传统的矢量控制策略的性能会受到影响，有时甚至会恶化。因为正常运行时采用的定子磁链定向控制策略忽略了定子磁链的暂态过程，当电网发生故障时，发电机机端电压跌落，使用于定子磁链观测的积分器出现饱和现象，导致定子磁链定向出现偏差，从而使整个控制系统的性能受到影响，无法准确控制转子电流。因此，为了抑制电压跌落时转子绕组中产生的过电流，在设计转子电流调节器时必须考虑定子磁链的动态变化。

在传统的基于定子磁链定向的相量控制策略中，为了使转子电流调节器的设计简化，忽略了定子电阻的影响，因此认为定子磁链是保持恒定的，而且一般认为定子磁链一直位于旋转坐标系的 d 轴。但是当电网电压跌落时，定子磁链将随之衰减，由于定子磁链中产生了直流分量，定子磁链矢量不能准确定向在 d 轴上，定子磁链也并不是恒定不变的，因此 ψ_{sq} 将不再等于零，定子磁链的微分 $\mathrm{d}\psi_s/\mathrm{d}t$ 也不再等于零。

为了重新得到转子电压控制方程的表达式，重写双馈发电机在旋转 dq 坐标系中的转子电压方程

$$\begin{cases} u_{dr} = -\dfrac{\mathrm{d}\psi_{dr}}{\mathrm{d}t} - r_2 i_{dr} + \omega_{sl}\psi_{qr} \\ u_{qr} = -\dfrac{\mathrm{d}\psi_{qr}}{\mathrm{d}t} - r_2 i_{qr} - \omega_{sl}\psi_{dr} \end{cases} \tag{5.18}$$

定子磁链方程为

$$\begin{cases} \psi_{ds} = L_s i_{ds} + L_m i_{dr} \\ \psi_{qs} = L_s i_{qs} + L_m i_{qr} \end{cases} \tag{5.19}$$

由式（5.19）可得定子在旋转坐标系 dq 中的电流表达式为

$$\begin{cases} i_{ds} = \dfrac{\psi_{ds} - L_m i_{dr}}{L_s} \\ i_{qs} = \dfrac{\psi_{qs} - L_m i_{qr}}{L_s} \end{cases} \tag{5.20}$$

双馈发电机的转子磁链方程为

$$\begin{cases} \psi_{dr} = L_r i_{dr} + L_m i_{ds} \\ \psi_{qr} = L_r i_{qr} + L_m i_{qs} \end{cases} \tag{5.21}$$

将定子电流代入式（5.21）可得新的转子磁链方程

$$\begin{cases} \psi_{dr} = \dfrac{L_m}{L_s}\psi_{ds} + \sigma L_r i_{dr} \\ \psi_{qr} = \dfrac{L_m}{L_s}\psi_{qs} + \sigma L_r i_{qr} \end{cases} \tag{5.22}$$

式中，σ 为漏磁系数，其计算公式为

$$\sigma = L_r - L_m^2 / L_s \tag{5.23}$$

将式（5.22）代入式（5.18），可以得到新的转子电压方程

$$\begin{cases} u_{dr} = (r_2 + \sigma L_r p)i_{dr} - \omega_{sl}\left(\sigma L_r i_{qr} + \dfrac{L_m}{L_s}\psi_{qs}\right) + \dfrac{L_m}{L_s}\dfrac{\mathrm{d}\psi_{ds}}{\mathrm{d}t} \\ u_{qr} = (r_2 + \sigma L_r p)i_{qr} + \omega_{sl}\left(\sigma L_r i_{dr} + \dfrac{L_m}{L_s}\psi_{ds}\right) + \dfrac{L_m}{L_s}\dfrac{\mathrm{d}\psi_{qs}}{\mathrm{d}t} \end{cases} \tag{5.24}$$

由上述分析可以得到如图 5.22 所示的改进的 DFIG 定子磁链定向矢量控制框图。

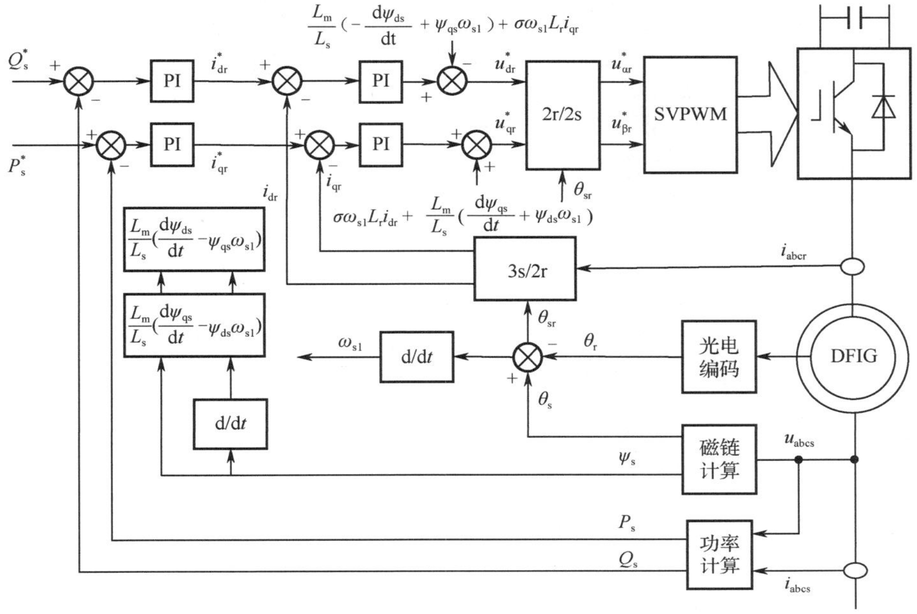

图 5.22　改进的 DFIG 定子磁链定向矢量控制框图

与传统的矢量控制方法相比，改进的 DFIG 定子磁链定向矢量控制方法考虑了电网电压跌落时定子磁链下降所引起的电磁过渡过程，即考虑了定子磁链的动态变化，在前馈控制中分别加入了补偿项 $\dfrac{L_{\mathrm{m}}}{L_{\mathrm{s}}}\left(\dfrac{\mathrm{d}\psi_{\mathrm{ds}}}{\mathrm{d}t}-\psi_{\mathrm{qs}}\omega_{\mathrm{s1}}\right)$ 和 $\dfrac{L_{\mathrm{m}}}{L_{\mathrm{s}}}\left(\dfrac{\mathrm{d}\psi_{\mathrm{qs}}}{\mathrm{d}t}+\psi_{\mathrm{ds}}\omega_{\mathrm{s1}}\right)$。

为了将上述两种控制方法进行对比，并说明改进的控制方法在电网故障时也能获得较好的动、静态性能，利用 MATLAB/Simulink 软件对 1.5MW 双馈风力发电系统进行了仿真研究，仿真参数如表 5.1 所示，仿真结果如图 5.23 所示。仿真时，假设在 3s 时发生电网跌落故障，发电机定子端电压下降到额定值的 67%，持续时间为 0.2s，到 3.2s 时发电机端电压恢复到额定值，如图 5.23（a）所示。

表 5.1　1.5MW 双馈风力发电系统仿真参数

参　　　数	值	参　　　数	值
额定功率/MW	1.5	定子及转子电阻/Ω	0.012，0.021
直流母线电压/V	1200	定子及转子漏感、互感/mH	0.20372，0.17507
直流侧滤波电容/μF	4400	互感/H	0.0135
网侧滤波器电感/mH	5	极对数	2
网侧滤波器电阻/mΩ	0.002		

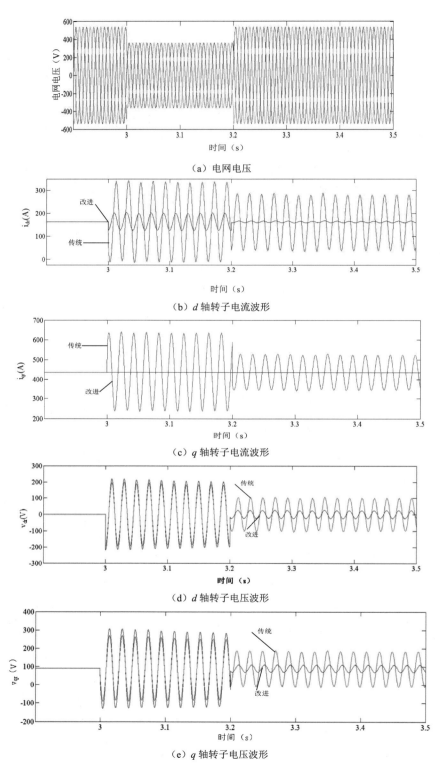

（a）电网电压

（b）d 轴转子电流波形

（c）q 轴转子电流波形

（d）d 轴转子电压波形

（e）q 轴转子电压波形

图 5.23　改进的控制策略与传统控制策略对比仿真波形

图 5.23（b）、（c）所示分别为 d、q 轴转子电流的仿真波形，可以看出，采用改进的控制策略能较好地抑制转子电流的振荡，因此能有效减小电压跌落过程中转子绕组中的过电流，这是加入了定子磁链动态变化的前馈补偿项所致。图 5.23（d）、（e）所示分别是 d、q 轴转子电压的仿真波形，可以看出，由于在改进控制策略中增加了定子磁链动态变化的前馈补偿，使得电压跌落时的转子电压高于传统的控制策略的转子电压；在电网电压恢复之后，因为较好地抑制了发电机的电磁暂态过程，改进的控制策略所需的转子电压值要小于传统的控制策略。由此可以看出，改进的控制策略能有效减小转子过电流是以增大转子侧变换器输出电压为代价的，不过双馈发电机正常运行时转速较高，转差率较小，其转子电压要比电网电压低很多，拥有较大的输出电压余量，因此可以利用提高转子电压的方法来抑制电压跌落造成的转子过电流。

2．电网故障时 DFIG 风轮的保护和控制

图 5.24 提供了一个电网故障时 DFIG 风轮的保护和控制框图。它包括：①风轮本身和驱动链、气动系统和桨距角控制系统；②DFIG 在电网故障期间的保护和控制系统。

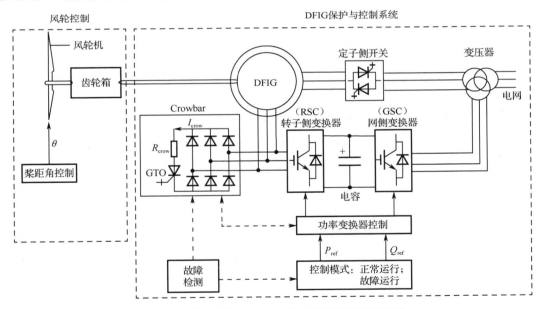

图 5.24　电网故障时 DFIG 风轮的保护和控制框图

1）电网故障时 DFIG 风轮的保护

在正常电网运行条件下，DFIG 的控制性能很好，允许有功和无功功率在几个周期范围内变化。在这个范围内，即使风速波动，DFIG 也能将这些快速的波动暂时以动能的形式储存起来，保持输出电功率不变。

DFIG 的 Crowbar 电路相当于一个外部转子阻抗，通过集电环连接到发电机转子上代替变换器，作用是限制转子电流。当检测到电网故障时，Crowbar 电路被触发，转子通过 Crowbar 电路短路，RSC 控制失去作用，因此 DFIG 就像一个串联了转子电阻的笼型感应

发电机，RSC 控制的失效导致在故障检测期间，失去了有功和无功功率的独立控制性。这意味着在正常运行时，发电机的励磁通过 RSC 在转子电路中完成；在故障期间，必须通过电网在定子中完成励磁。

GSC 不是直接连接到发电机绕组的，在发电机产生高瞬态电流时，对网侧变换器的影响不大，因此没有必要使网侧变换器失去控制。故在电网故障时使用 GSC 作为一个 STATCOM 去产生无功功率，帮助电网将电压恢复到额定值。在规定时间后或根据附加的指标（如电网电压的幅值）再移除 Crowbar 电路，RSC 便恢复原来的功能，即单独控制有功和无功功率。

图 5.25 所示为 2MW DFIG 风轮在 Crowbar 电路电阻不同时，转矩和无功功率与转速的静态关系曲线。

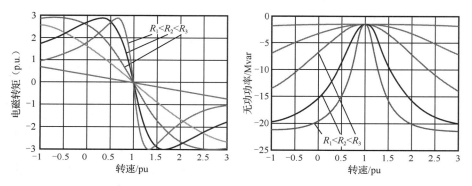

图 5.25　2MW DFIG 风轮在 Crowbar 电路电阻不同时，转矩和无功功率与转速的静态关系曲线

从图 5.25 可以看出，增加 Crowbar 电路电阻改善了转矩特性，降低了发电机在某转速下的无功要求。在电网故障时，通过在转子电路中附加一个外部电阻（Crowbar 电路电阻），发电机出现最大转矩时的转速提高了。因此，增加外部电阻提高了发电机的动态稳定性。在故障时刻，小的电阻值会引起较高的电流和瞬态转矩峰值；较大的 Crowbar 电路电阻对转子电流和电磁转矩都有有效的阻尼作用。由图 5.25 可见，增加 Crowbar 电路电阻对电力系统的动态稳定性也有积极的作用，即在故障清除时刻无功消耗减小。

然而，研究表明，当把 Crowbar 电路移除时，太大的 Crowbar 电路电阻会产生过大瞬态转矩和过大瞬态无功功率。目前的研究认为 Crowbar 电路电阻的值为 0.5pu 是比较恰当的。

2）电网故障期间的 DFIG 控制（故障穿越控制）

电网故障期间的 DFIG 控制是在 DFIG 正常运行控制结构的基础上进行扩展而实现的。图 5.26 所示为正常运行时 DFIG 的控制框图。DFIG 控制包括功率变换器的电气控制，它必须确保 DFIG 风轮正常运行和故障运行的特性。RSC 和 GSC 由两级控制器控制。第一级控制包括电流控制器，调节转子电流到由功率控制器（第二级）指定的参考值。

图 5.26 中，变换器第二级控制器的有功和无功功率设置点信号的确定在很大程度上取决于风轮的运行模式，即正常运行或故障运行。例如，在正常运行时，如前所述：

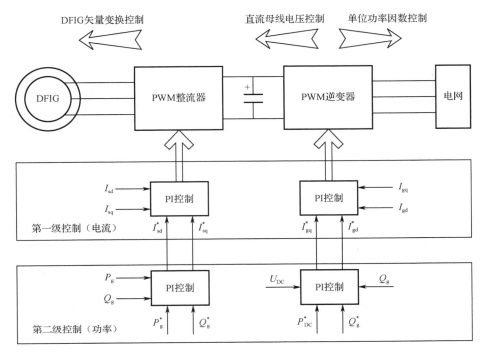

图 5.26　正常运行时 DFIG 的控制框图

（1）RSC 的有功功率参考点 P_g^* 由最大功率点跟踪（MPPT）查表得到，它是最佳发电机转速的函数，见图 2.7，即对应每个风轮转速，都只有一个发电机转速产生最佳气动效率 $C_{p\text{-opt}}$。

（2）RSC 的无功功率参考点 Q_g^* 根据是否需要贡献无功功率设为某个值或零。

（3）GSC 运行在单位功率因数下，即 $Q_g^*=0$，这意味着 GSC 只与电网交换有功功率，因此，从 DFIG 传输到电网的无功功率只通过定子。

（4）直流电压设置信号 U_{DC} 为一个常数，与风轮运行模式无关。

如果电网出现故障，发电机转速变化不是由于风速变化而是由于电气转矩减小引起的。这意味着在电网故障时有功功率参考点 P_g^* 必须与正常运行时有不同的设置，即作为阻尼控制器的输出。这种控制器必须抑制由于电网故障在驱动链中引起的扭转。当检测到故障时，有功功率参考点 P_g^* 在正常运行（MPT）的设定值和故障运行（阻尼控制器）的设定值之间进行切换。

要抑制这些振荡有不同的控制方案。由于桨距角控制系统中有几个延时机构，所以桨距角控制不能抑制扭转振荡。桨距角控制能抑制发电机转速中的低频振荡，然而必须用阻尼控制器来抑制高频振荡。如图 5.27 所示，在电网故障时，PI 阻尼控制器根据实际发电机转速和它的参考值之间的偏移为 RSC 控制产生有功功率参考信号 P_g^*。参考转速由来风时最佳转速曲线决定。调节阻尼控制器可有效地抑制电网故障在驱动链中引起的扭转振荡。没有 PI 控制器的调节或 PI 控制器调节不够都可能导致驱动链系统的自激励，且有可能为了抵抗振荡进行保护而引起跌落。

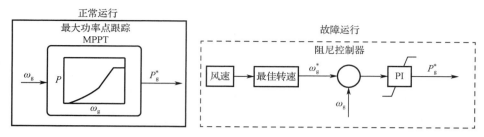

图 5.27　正常和故障运行时分别使用 MPT 和阻尼控制器对有功功率参考点进行设定

图 5.28 所示为在 2MW DFIG 风轮的三绕组变压器的高压端出现 100ms 三相故障时阻尼控制器的效果，假定在故障瞬间，风轮工作在额定功率运行点。

从图 5.28 可以看出，没有阻尼控制器时，电网故障引起的扭转振荡在电网故障后 10s 稍稍得到了抑制；当使用阻尼控制器后，振荡在几秒内就被抑制了。再者，使用阻尼控制器后，机械转矩振荡的幅值小了很多，且机械转矩只有一次过零，因而驱动链的机械应力显著减小了。因此，阻尼控制器能使故障对风轮的机械侧和电气侧的影响降到最小，保护系统和阻尼控制器一起提高了 DFIG 的故障穿越能力。

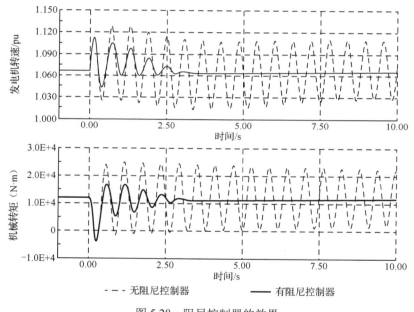

图 5.28　阻尼控制器的效果

3）DFIG 风轮的电压支持

电力系统操作技术规范要求风轮在电网故障期间仍能联网，且能支持电网，即提供电网电压支持。DFIG 的电网电压支持能力取决于注入的无功功率，也取决于从发电机到与电力系统连接点的线性特性。

电压支持控制策略的设计原理是：由两个变换器协调工作来提供无功功率。用 RSC 作为默认的无功功率源，而 GSC 在 RSC 受阻期间作为一个补充的无功功率源。在电网故障期间，RSC 和 GSC 的功能可以发生改变，具体取决于保护系统是否被激发。在发生不太严重的电网故障（如没有触发 Crowbar 电路）或无功功率的不平衡不太严重时，RSC 和 GSC 的功能与正常运行时一样，能独立地给电网提供有功和无功功率。在发生严重的电网故障（如触发了 Crowbar 电路）时，若发电机没有断开，则 DFIG 风轮必须连续运行，并试图维持联网。必须根据由电力系统操作人员制订的电网规范，设计和研究一个特别的电网支持策略。在故障期间，GSC 不会被电网故障所阻断，只要 RSC 被阻断，它就可以作为 STATCOM 连续运行。当 Crowbar 电路被移除后，RSC 开始运行，GSC 又设置为零无功输出。

在一般情况下，为了调节 DFIG 端点电压，可以有不同的电压控制策略。在理论上，电压可以由转子侧变换器控制，也可以由网侧变换器控制或由两者一起进行控制。

当 Crowbar 电路由于转子电路的过电流或直流母线的过电压而被触发时，RSC 被阻断。在这种情况下，DFIG 电网支持能力大幅减小。故障期间和故障后是最需要 RSC 起作用的时候，此时 RSC 已失去单独控制有功和无功功率的能力，然而 GSC 不会被电网故障所阻断，只要 RSC 被阻断，它就可以作为 STATCOM 连续运行。当 Crowbar 电路被移除后，RSC 开始运行，GSC 设置为无功中性点。移除 Crowbar 电路后，重新启动 RSC 可以按照不同的标准来完成，如电网电压或转子电流的大小。RSC 重新启动的时间太短可能会在故障清除时再次引起变换器的跌落。

提供电网电压支持能力的 DFIG 扩展的控制框图如图 5.29 所示，它是在图 5.24 的基础上扩展实现的。为了在电网故障期间提高 DFIG 的电网电压支持能力，在正常运行的 DFIG 控制结构中加入了第三级控制。第三个（电压）控制级为故障运行时的第二级控制器提供参考信号。这个控制级包括三个控制器（一个阻尼控制器、一个 RSC 电压控制器和一个 GSC 无功功率补偿器）。当 Crowbar 电路没有被触发时，RSC 电压控制器为 RSC 提供无功功率参考信号 Q_g^*。

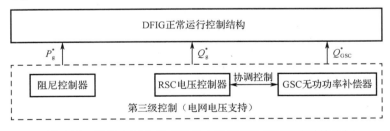

图 5.29　提供电网电压支持能力的 DFIG 扩展的控制框图

RSC 电压控制器通过一个 PI 控制器来实现，如图 5.30 所示。RSC 电压控制器根据公共连接点的实际电网电压 U_g 与它的参考值 U_g^* 的偏差，为 RSC 的第二级控制器调节无功功率参考信号 Q_g^*。只要 RSC 没被阻断，RSC 电压控制器就控制电网电压；否则，当电网缺少无功功率时，会导致电网电压崩溃。

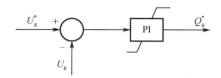

图 5.30　RSC 电压控制器

为了评估 RSC 电压控制器的性能,用一个无功功率装置连接在 DFIG 风轮的高电压端,1s 后断开,进行仿真,结果如图 5.31 所示。这种情况下的电压跌落（不足以触发 Crowbar 电路）不大，因此不能阻断 RSC。

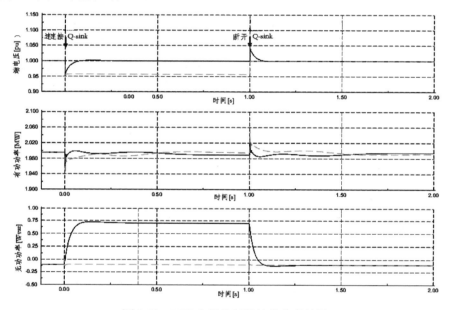

图 5.31　RSC 电压控制器性能仿真结果

图 5.31 所示为在有或没有 RSC 电压控制器的情况下，DFIG 风轮公共连接点处的端电压、无功功率和有功功率。在无功功率装置连接的瞬间，电压跌落约 4%。RSC 电压控制器注意到电压的偏差，命令发出更多无功功率，在不到 100ms 内，无功功率增加使电压回到额定值（1pu）。在断开无功功率装置时，电压突然增加，但是 RSC 电压控制器通过吸收无功功率再次很快将电压控制到额定值。注意，无功功率在连接和断开的过程中分别有一个小的降落和峰值，其他时刻不变。在没有 RSC 电压控制时，电压不能通过无功功率来补偿，只有当无功功率装置断开时才会恢复到额定值。

当 RSC 被阻断时，GSC 无功功率补偿（一个补充的无功功率控制器）为 GSC 控制产生一个无功功率参考信号 Q_g^*。GSC 被当作一个 STATCOM。当 RSC 有效时，无功功率补偿器提供一个零无功功率参考值。如果 RSC 被阻断，它就提供 GSC 的最大无功功率（1pu）作为参考值。这意味着在发生严重的电网故障时，GSC 为电网支持提供最大无功容量，GSC 控制还必须保持直流母线电容器电压在一个预先设定的值上。GSC 在电网故障期间，即当端点电压也降低时，控制容量小于 RSC 在正常运行时的控制容量。

图 5.32 所示为在 DFIG 风轮高电压端出现 100ms 三相故障时，GSC 无功功率补偿器的仿真效果。在预定的时间，即在 Crowbar 电路被触发后 200ms 时，移除 Crowbar 电路。在此仿真中，为了更好地说明在接入 Crowbar 电路期间 GSC 改善电压质量的效果，设定电压降为额定电压的 50%。

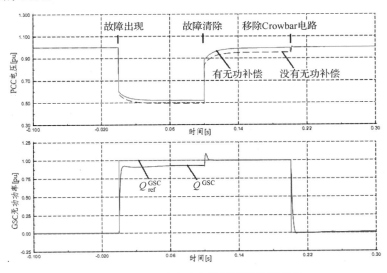

图 5.32　GSC 无功功率补偿器的仿真效果

在电网故障时，GSC 无功功率补偿在故障清除期间和 Crowbar 电路移除后改善了电网电压质量。接入 Crowbar 电路会引起无功功率增加，将参考值设为 1pu。在故障和故障清除期间，无功功率没有达到参考值，原因是电流达到了无功功率控制器的极限。然而在故障清除时刻，端电压开始恢复，这增加了 GSC 产生更多无功功率的可能性。当 Crowbar 电路移除时，GSC 就被设定为无功中性，即 $Q_g^*=0$。GSC 无功功率补偿的功能重新被 RSC 电压控制所代替。

如图 5.32 所示，在电网故障期间，RSC 电压控制和 GSC 电压控制进行协调控制，必须小心接入 Crowbar 电路以避免不连续运行。不连续性可能最终导致瞬态延长，这会延长 Crowbar 电路的运行。可以在 RSC 电压控制器启动时引入一个小的反馈环，这样在电压控制器阻断期间，就阻止了积分作用进入不合适的状态。Crowbar 电路电阻值严格取决于发电机额定数据，它对转子电流和发电机在电网故障时的无功需求都有影响。

3．采用定子侧开关保护

在电网故障期间采用定子侧开关保护如图 5.24 所示，即在电网电压下降期间用定子并网开关将双馈风力发电机定子从电网中暂时切除，转子励磁变换器保持与电网连接，并利用网侧变换器向电网提供无功功率，以帮助电网电压恢复，当电网电压恢复到一定程度时重新将定子并入电网运行。这种方法的优点是可以避免电网电压的骤降和骤升对 DFIG 的冲击，但并非真正意义上的不脱网运行，且由于 GSC 的容量有限，对电网恢复的作用很有限。

4. 采用风轮的桨距角控制

如图 5.24 所示，DFIG 风轮在电网故障时的控制和保护除 Crowbar 电路保护和变换器控制外，还包括桨距角控制系统，以改变桨距角来控制发电机转速，即防止过速，将转速控制在额定值，然后通过增加桨距角使气动功率自动减小。为了补偿非线性气动特性，采用桨距角的增益调整控制。

在研究风力发电系统的机械模型时，重点放在那些风轮与电网之间有相互影响的动态结构上。首先考虑驱动链，因为风轮的驱动链对功率波动会产生显著的影响，风轮结构的其他部分可以忽略。在稳态分析中，当系统在严重干扰下时，驱动链必须至少用两个质量模块来近似，这是为了使风轮在电网故障期间得到更精确的响应，以便更精确地预测电网故障对电力系统的影响。

用 J_w 表示风轮机转子转动惯量，而用 J_g 等效于发电机转子转动惯量。低速轴用刚度（韧性）系数 k、阻尼系数 D_g 来建立模型，而高速轴是刚性的。齿轮箱的传动比为 $1:n_{gear}$。

阻尼系数 D_g 为

$$D_g = 2\xi\sqrt{kJ_w} \tag{5.25}$$

阻尼比率 ξ 为

$$\xi = \frac{\delta_s}{\sqrt{\delta_s^2 + 4\pi^2}} \tag{5.26}$$

阻尼比率可以使用对数衰减量 δ_s 表示。对数衰减量 δ_s 是振荡周期开始时信号的幅值与下一个振荡周期末的幅值比值的对数，有

$$\delta_s = \ln\frac{A(t)}{A(t+t_p)} \tag{5.27}$$

式中，A 表示信号的幅值。

风轮的低速轴和高速轴的运动方程分别为

$$J_w\omega_w = T_{aero} - T_{shaft} \tag{5.28}$$

$$J_{gen}\omega_{gen} = T_{mec} - T_{em} \tag{5.29}$$

式中，$T_{mec} = T_{shaft}/n_{gear}$。风轮机转子的气动转矩 T_{areo} 作用在驱动轴的一端，而发电机侧的机械转矩 T_{mec} 作用在驱动轴的另一端。它们的合成转矩是轴上的扭矩。稳态时，所有的转矩是平衡的，即气动转矩 T_{areo} 等于轴上转矩 T_{shaft}，机械转矩 T_{mec} 等于电气转矩 T_{em}，也就是 $T_{areo} = T_{shaft}$，$T_{mec} = T_{em}$。

在电网故障时，电气转矩显著地减小，因此驱动系统就像一个松开的扭转弹簧，机械转矩、气动转矩和发电机转速以所谓的自由频率开始振荡，有

$$f_{osc} = \frac{1}{2\pi}\sqrt{\frac{k}{J_{eq}}} \tag{5.30}$$

式中，J_{eq} 是驱动链模型的等效转动惯量，有

$$J_{eq} = \frac{J_{rot} n_{gear}^2 J_g}{J_{rot} + n_{gear}^2 J_g} \tag{5.31}$$

　　桨距角控制通过 PI 控制器实现，与直驱风力发电系统桨距角控制类似，如图 5.33 所示。为了补偿非线性气动特性，采用桨距角的增益调整控制。在电网故障期间，桨距角变化率极限是很重要的，为了过速，它决定了气动功率减小的速度，通常设为 10deg/s。

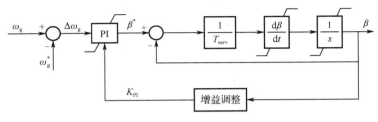

图 5.33　桨距角控制框图

　　桨距角控制系统通过改变桨距角来控制发电机转速，即在控制器中输入发电机转速与发电机转速参考值的误差信号。为防止过速，将转速控制为额定值，通过增加桨距角使气动功率自动地减小。因此，通过控制桨距角，发电机的动态稳定性增强了。

5.5　本章小结

　　本章讨论了风力发电机组并网的要求、并网型风力发电机组的并网过程和风力发电机组的低电压穿越技术。介绍了几种提高直驱风力发电系统低电压穿越能力的方法，比较有用的方法是采用桨距角控制系统（调节桨距角和发电机转速）、Crowbar 电路、阻尼振荡控制器、新型控制策略和对电网进行无功补偿以兼顾网侧变换器对电网无功支持的控制策略，给出了实现直驱风力发电系统低电压穿越的控制结构和仿真模型，并进行仿真，仿真结果证明了理论分析的正确性。对双馈风力发电系统的低电压穿越控制策略进行了阐述，介绍了提高双馈风力发电系统低电压穿越能力的几种方法，分别是改进的定子磁链定向矢量控制的控制策略、电网故障时的 Crowbar 电路保护和控制策略。在电网故障期间，风轮要给系统提供电压支持，以帮助系统快速从故障中恢复。本章所给出的风轮故障穿越方法和电压控制器是作为 DFIG 正常运行时的控制结构的扩展。与正常运行时良好的性能相比，DFIG 风轮结构对电网故障是十分敏感的，需要对功率变换器进行特殊的保护。当发电机和变换器出现高瞬态电流和瞬态电压时，变换器的保护系统（如 Crowbar 电路电阻）被触发，以避免功率变换器装置被损坏。DFIG 风轮实现故障穿越控制的目的是提供电力系统操作人员在技术规范中所要求的对风轮的控制能力，即在电力系统受到干扰（如短路故障）时，要求机组不间断运行，并对电压实施控制。在电网电压跌落期间，DFIG 的控制应可实现：通过风轮帮助电压恢复，降低其他动态无功补偿单元的需求，减小备用发电容量，故障排除后恢复正常运行状况。

第6章 电网故障时网侧变换器的同步化方法研究

在直驱风力发电系统中，发电机发出的功率通过全功率变换器传递到电网，因此变换器必须与所连接的电网保持同步，必须取得电网的同步信号，一般将这种方法称为电网同步化方法或锁相方法。锁相即相位锁定的简称，它是通过锁相环（Phase Locked Loop，PLL）来达到锁相目的的。PLL 利用相位自动调节的方法，通过锁定单相电压的相位或三相电网电压正序分量的相位，实现两个信号的相位同步。相位同步检测是矢量控制和功率因数调节的基础，可用于坐标变换和计算有功、无功功率流向的空间电压矢量角。

在直驱风力发电系统变换器控制系统中，网侧变换器均采用电网电压定向。当电网受到不平衡或畸变电压的影响时，电网电压同步信号很容易受到干扰，传统的基于三相平衡输入电压所设计的网侧变换器就会出现异常的运行状态。为了使风力发电机组在电网电压出现故障的情况下也能正常运行，快速而准确地检测电网电压基波正序分量的大小和相位在网侧变换器的控制策略设计中是至关重要的。

6.1 风力发电系统网侧变换器的电网同步化要求

网侧变换器锁相系统输出信号的质量好坏直接影响网侧变换器的运行性能，因而在变换器控制中有着关键性的作用。风力发电系统中网侧变换器的锁相方法应具备以下几个特点。

（1）由于风电具有随机性，输入电网的功率会不稳定，可能导致电网出现不可预估的电压跌落、闪变等动态电能质量问题。为了使风力发电系统稳定地运行，要求网侧变换器的锁相方法要有快速响应能力和良好的动态性能。

（2）变速恒频风力发电系统中大量使用电力电子装置，使得电网电压中含有谐波。要求网侧变换器的锁相方法在电网电压畸变情况下仍能精确获得电网电压基波正序分量的相位，即对畸变电压具有抑制作用。

（3）电网电压很小的不平衡将造成网侧变换器电流高度的不平衡，导致输向电网的功率发生振荡。因此，要求网侧变换器的锁相方法对三相电压不平衡有很强的抑制作用。

（4）由于风电具有随机性，接入风电的电力系统经常发生小幅的电压频率偏移，这要求锁相环要具有频率自适应性。

另外，要求网侧变换器锁相方法能快速检测电压相位突变后的相位值。

6.2　锁相方法

6.2.1　开环锁相法

锁相方法包括开环锁相法和闭环锁相法两种。开环锁相法直接根据坐标系 $\alpha\beta$ 的信号估算电压相位角，其基本原理是：首先进行坐标变换，例如，将三相电网电压从三相静止坐标系 abc 转换为两相静止坐标系 $\alpha\beta$；然后利用滤波装置滤去电压中的谐波分量，如低通滤波器、空间矢量滤波器（SVF）等；最后对信号进行加工处理，就可以通过计算得到电压的相位。图 6.1 所示为基于低通滤波器的开环锁相法的原理框图，旋转矩阵 $\boldsymbol{R}(\Delta\theta)$ 用于补偿滤波器所造成的相位滞后。常见的开环锁相法有基于低通滤波器锁相法、基于空间矢量滤波器锁相法和基于扩展卡尔曼锁相法，但这三种锁相方法都对输入的不平衡电压很敏感，因此不适合用于风力发电系统的电网同步化。另一种开环锁相法是基于递归的加权最小二乘估计（WLSE）法，这种方法能自动适应频率的变化，还可以抑制不平衡电压中的负序分量的影响，但存在以下缺点：电网频率变化时，动态响应时间较长、WLSE 法的计算问题和频率变化时 WLSE 法对噪声和畸变较敏感。因此，风力发电系统中很少使用开环锁相方法。

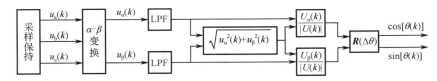

图 6.1　基于低通滤波器的开环锁相法的原理框图

6.2.2　闭环锁相法

闭环锁相法包括硬件锁相法和软件锁相法。

1. 硬件锁相法

硬件锁相法的基本原理是将输入电压信号转换为方波信号，然后送入 PLL 芯片，通过计算得到电压的相位。基本锁相环主要包含三个部件：鉴相器（Phase Detector，PD），也叫相位比较器，用来比较输入信号 $u_i(t)$ 和反馈信号 $u_o(t)$ 的相位并进行运算处理，然后输出一个误差信号 $u_d(t)$；环路滤波器（Loop Filter，LF），也称校正网络，用来滤除 $u_i(t)$ 中的高频成分，调整环路参数；压控振荡器（Voltage Controlled Oscillator，VCO），它是一个电压-频率变换装置，用 LF 输出的电压信号 $u_c(t)$ 作为控制信号来控制 VCO 的频率和相位。基本锁相环原理图如图 6.2 所示，它构成了一个负反馈系统，反馈网络的传递函数为 1。

硬件锁相法是基于电压信号过零点检测的，而当系统存在电压畸变时，会出现信号过零点测量不准确的问题，因为有可能会在基波零点附近得到多个过零点信号，而且这种锁相法的动态性能较差，因此不适合应用在风力发电系统中。

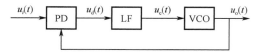

图 6.2　基本锁相环原理图

近几年出现了 DSP、FPGA 等高速芯片，也因此有了基于硬件锁相原理的软件锁相法，或称自适应原理的软件锁相法，它省去了硬件结构，用软件来实现滤波的功能，并且只需要对程序中的几个设计参数进行修改，就可以很方便地获得能实现不同功能的滤波器，比硬件锁相法有很大的改进。但是，目前所使用的软件锁相法也存在动态响应较慢和频率自适应性较差的问题，即快速跟踪和具有良好滤波特性这两个特征很难同时满足，如果不加改进同样不适用于对锁相要求较高的风力发电场合，有时必须在两者之间进行折中。

下面首先介绍传统的单同步坐标系软件锁相法，并从中得到软件锁相法的工作原理，接着介绍另外几种软件锁相法。

2. 传统的单同步坐标系软件锁相法

传统的单同步坐标系软件锁相法的基本原理如图 6.3 所示，首先将电压从三相静止坐标系 abc 变换到两相静止坐标系 $\alpha\beta$，再变换到两相旋转坐标系 dq，mod 表示取余，从而将锁相输出相位限定在 2π 内。

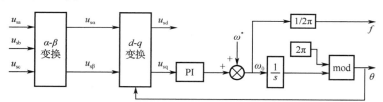

图 6.3　传统的单同步坐标系软件锁相法的基本原理

当电网电压对称时，三相电压 u_{sa}、u_{sb}、u_{sc} 可以表示为

$$\begin{cases} u_{sa} = U_m \cos(\omega t + \varphi) \\ u_{sb} = U_m \cos\left(\omega t - \dfrac{2\pi}{3} + \varphi\right) \\ u_{sc} = U_m \cos\left(\omega t + \dfrac{2\pi}{3} + \varphi\right) \end{cases} \tag{6.1}$$

式中，U_m 为电网电压的幅值；φ 为电网相电压的初始相位。

将三相电网电压 u_{sa}、u_{sb}、u_{sc} 由三相静止坐标系 abc 变换到两相静止坐标系 $\alpha\beta$

$$\begin{bmatrix} u_{s\alpha} \\ u_{s\beta} \end{bmatrix} = \frac{2}{3}\begin{bmatrix} 1 & -1/2 & -1/2 \\ 0 & -\sqrt{3}/2 & \sqrt{3}/2 \end{bmatrix}\begin{bmatrix} u_{sa} \\ u_{sb} \\ u_{sc} \end{bmatrix} = U_m \begin{bmatrix} \cos\theta \\ \sin\theta \end{bmatrix} \tag{6.2}$$

然后将电压从两相静止坐标系变换到两相旋转坐标系 dq

$$\begin{bmatrix} u_{sd} \\ u_{sq} \end{bmatrix} = U_m \begin{bmatrix} \cos(\theta - \theta^*) \\ \sin(\theta - \theta^*) \end{bmatrix} = U_m \begin{bmatrix} \cos((\omega^* - \omega_0)t + \Delta\varphi) \\ \sin((\omega^* - \omega_0)t + \Delta\varphi) \end{bmatrix} \qquad (6.3)$$

式中，θ 为实际的电压矢量相位角；θ^* 为通过锁相环计算出的电压矢量相位角；$\Delta\varphi$ 为实际电网电压矢量相位角与锁相环估算的电网电压矢量相位角的差值；ω_0 为锁相得出的角频率；ω^* 为电网电压的额定角频率。

由式（6.3）可以看出，在频率和相位完全锁定的情况下，即当 $\theta^*=\theta$、$\Delta\varphi=0$ 时，$u_{sq}=0$、$u_{sd}=U_m$，通过 PI 调节器调节交轴电压分量 $u_{sq}=0$ 就可以实现锁相。在电网电压正常的条件下，使用传统的单同步软件锁相环就可以快速精确地计算出电网电压的相位、幅值和频率。对于含有高次谐波的电网电压，也可以通过减小系统的带宽来抑制高次谐波的影响。

前面的分析是在假定电网电压为三相对称的情况下得到的。在三相电压不平衡时，三相电网电压通常包括正序、负序和零序电压，在三线系统中可忽略零序分量，电网电压矢量 $\boldsymbol{u}_s$ 的幅值和相位角分别为

$$|\boldsymbol{u}_s| = \sqrt{U_{sp}^2 + U_{sn}^2 + 2U_{sp}U_{sn}\cos(-2\omega t + \varphi_n)} \qquad (6.4)$$

$$\theta = \omega t + \arctan\left[\frac{U_{sn}\sin(-2\omega t + \varphi_n)}{U_{sp} + U_{sn}\cos(-2\omega t + \varphi_n)}\right] \qquad (6.5)$$

从式（6.4）和式（6.5）可以看出，在电网电压不平衡条件下，电压矢量 $\boldsymbol{u}_s$ 的幅值和相位不稳定，其中包含大量谐波，要精确检测出来比较困难。虽然可通过使用低通滤波器和减小带宽的方法来抑制谐波，但会使系统响应速度明显减慢，而且检测到的电压幅值仍然是含有谐波的，因此难以得到令人满意的效果，也不适宜应用在对锁相环精度和动态性能要求较高的风力发电场合。

一种常用的处理方法是将畸变电压信号滤波并进行相位补偿后作为基波电压使用，但这将导致响应速度变慢且电压幅值检测会出现较大误差。目前常用的方法还有采用四分之一周期延时或用旋转坐标变换加滤波器来分离不对称电压中的正、负序分量，但均会引入一定的检测时延。下面将对这些方法进行分析比较，在此基础上研究出一种适合于风力发电系统电网同步化的锁相法，为大型风力发电系统变换器的电网同步化提供有效的指导。

3. 基于对称分量法的单同步坐标系软件锁相法

综上所述，当电网电压存在严重的不平衡时，传统单同步坐标系软件锁相法检测到的电网电压正序分量的幅值和相位都含有大量谐波，针对这个问题，很多文献提出了一种新的同步锁相方法。它是基于对称分量法得到的软件锁相法，首先通过某种算法将不平衡电压中的正序基波分量提取出来，作为软件锁相环的输入送到单同步坐标系中，从而抑制电压中的负序分量的影响。正序基波分量可以通过下式提取：

$$\begin{bmatrix} u_{sa}^{+1} \\ u_{sb}^{+1} \\ u_{sc}^{+1} \end{bmatrix} = \frac{1}{3} \begin{bmatrix} 1 & a & a^2 \\ a^2 & 1 & a \\ a & a^2 & 1 \end{bmatrix} \begin{bmatrix} u_{sa} \\ u_{sb} \\ u_{sc} \end{bmatrix} = \begin{bmatrix} \dfrac{1}{2}u_{sa} + \dfrac{j}{2\sqrt{3}}(u_{sc} - u_{sb}) \\ -u_{sa} - u_{sc} \\ \dfrac{1}{2}u_{sc} + \dfrac{j}{2\sqrt{3}}(u_{sb} - u_{sa}) \end{bmatrix} \qquad (6.6)$$

式中，$a = \mathrm{e}^{\mathrm{j}\frac{2\pi}{3}}$ 或 $a = -\dfrac{1}{2} + \mathrm{j}\dfrac{\sqrt{3}}{2}$。

　　式（6.6）可以通过比例增益器和全通滤波器来实现，采用全通滤波器可以获得 90° 的相位滞后。基于对称分量法的单同步坐标系软件锁相法的原理图如图 6.4 所示。其中，$T_{3s/2s}$ 表示将三相电压从三相静止坐标系 abc 转换到两相静止坐标系 $\alpha\beta$，$T_{2s/2r}$ 表示将电压从两相静止坐标系变换到两相旋转坐标系。这种方法中使用了全通滤波器，全通滤波器的频率适应性比较差，因此当频率偏离它的额定值 ω_0 时，就不能获得 90° 的相位延时；再者，全通滤波器不能抑制谐波和畸变，因此在某种程度上降低了相位检测的精度。

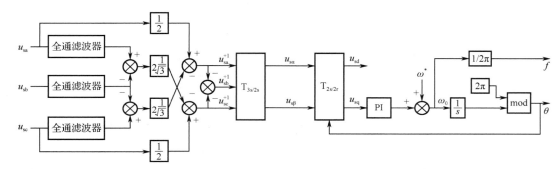

图 6.4　基于对称分量法的单同步坐标系软件锁相法的原理图

4. 基于 d-q 变换的软件锁相法

　　在故障情况下的不平衡电压可以按式（6.7）分解成两组对称的三相电压，即正序和负序电压，在三线系统中，忽略了零序分量。

$$\begin{bmatrix} u_{sa} \\ u_{sb} \\ u_{sc} \end{bmatrix} = U_{pm} \begin{bmatrix} \cos(\omega t + \theta_p) \\ \cos\left(\omega t - \dfrac{2\pi}{3} + \theta_p\right) \\ \cos\left(\omega t + \dfrac{2\pi}{3} + \theta_p\right) \end{bmatrix} + U_{nm} \begin{bmatrix} \cos(\omega t + \theta_n) \\ \cos\left(\omega t - \dfrac{2\pi}{3} + \theta_n\right) \\ \cos\left(\omega t + \dfrac{2\pi}{3} + \theta_n\right) \end{bmatrix} \qquad (6.7)$$

式中，下标 p、n 分别表示正、负序变量；m 表示最大值。式（6.7）可以用矢量表示为

$$\vec{U}_{abc} = U_{pm}\mathrm{e}^{\mathrm{j}(\omega t + \theta_p)} + U_{nm}\mathrm{e}^{-\mathrm{j}(\omega t + \theta_n)} \qquad (6.8)$$

　　在旋转坐标系 dq 中，d、q 轴电压可表示为

$$\begin{aligned}
\vec{U}_{\text{dqe}} &= U_{\text{de}} + jU_{\text{qe}} = U_{\text{pm}}e^{j(\theta_p - \theta_r)} + U_{\text{nm}}e^{-j(2\omega t + \theta_n + \theta_r)} \\
&= U_{\text{pm}}\cos(\theta_p - \theta_r) + U_{\text{nm}}\cos(2\omega t + \theta_n + \theta_r) + \\
&\quad j[U_{\text{pm}}\sin(\theta_p - \theta_r) + U_{\text{nm}}\sin(2\omega t + \theta_n + \theta_r)]
\end{aligned} \tag{6.9}$$

由式（6.9）可知，在正的 dq 坐标系中，正序分量表现为以电网角频率沿逆时针方向旋转的直流分量，负序分量表现为以电网角频率沿顺时针方向旋转、频率为 100Hz 的谐波分量；相反，在负的 dq 坐标系中，正序分量表现为频率为 100Hz 的谐波分量，而负序分量为直流分量。因此，可以采用阻断二次谐波的滤波器来检测相序分量，如图 6.5 所示。因为在正的 dq 坐标系中，u_{sd}、u_{sq} 中的直流分量与电网电压中的基波正序分量相对应，而交流分量则与谐波分量和负序分量相对应，故只要用滤波器滤除 u_{sd}、u_{sq} 中的交流成分，就可以得到电网电压的基波正序分量，从而实现同步相位检测的目的。但由于电网电压负序分量通过 d-q 变换后在直轴和交轴电压分量 u_{sd} 和 u_{sq} 中表现为频率为 100Hz 的谐波分量，如果要很好地滤除，则要求降低滤波器的截止频率 ω_{ff}，这将使控制系统的动态性能变差。

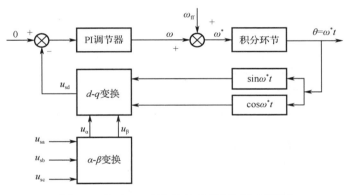

图 6.5　基于 d-q 变换的软件锁相环控制框图

基于 d-q 变换的软件，锁相环可以滤除 u_{sd}、u_{sq} 中的交流成分，因此可以在提取正序分量后使用低通滤波器进行滤波以降低谐波的影响，如图 6.6 所示，但缺点是同时降低了系统的响应速度。

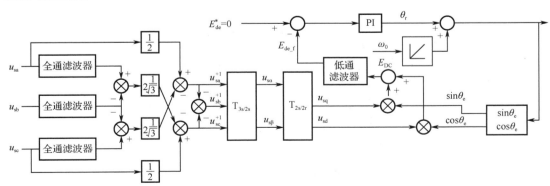

图 6.6　电压不平衡时的相电压检测法框图

5. 改进的单同步坐标系软件锁相法

图 6.7 所示为改进的单同步坐标系锁相环（EPLL）结构原理图，它与传统锁相环的结构类似，由鉴相器（PD）、环路滤波器（LF）和压控振荡器（VCO）组成，可用它来实时跟踪输入信号的基波相位。EPLL 分别输出单相电压的基波分量和对应于该相移相 90° 后的电压基波信号。与基于对称分量法的锁相法不同的是，EPLL 结构取代了基于对称分量法的同步锁相环中的全通滤波器结构。EPLL 是一个自适应的陷波滤波器，其频率随着电网中心频率移动，这就克服了基于对称分量法的锁相法对频率变化敏感的缺陷；EPLL 分解出来的正序分量谐波也大大减少。

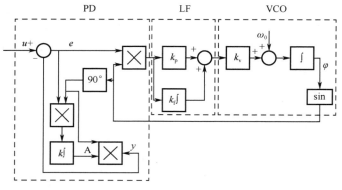

图 6.7　改进的单同步坐标系锁相环（EPLL）结构原理图

由于 EPLL 是单相锁相环，因此在三相系统中，需要采用三个 EPLL，分别检测三相电网电压和其移相 90° 后的电压信号，再利用正序计算器计算正序基波分量，然后将正序基波分量作为锁相环的输入送入单同步坐标系，最后利用一个 EPLL 跟踪 A 相中的正序分量，该方法可以消除电压不平衡的影响，如图 6.8 所示。在这个结构中，输入信号经过 EPLL 和 *d-q* 变换两次滤波，对高次谐波有很好的抑制效果。

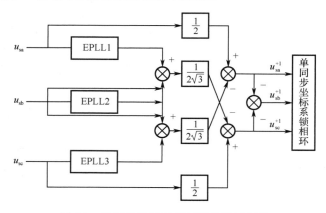

图 6.8　改进的单同步坐标系软件锁相法

在 MATLAB/Simulink 环境中对改进的单同步坐标系软件锁相法进行仿真，通过在电网电压中加入 30% 的负序分量获得不平衡电网电压，图 6.9 所示为仿真波形。从图 6.9 可以看出，通过使用改进的单同步坐标系锁相环，电网电压不平衡的影响可以通过正序分量的计算来消除，因此，在检测到的相位角度中没有出现 2 倍频波动。

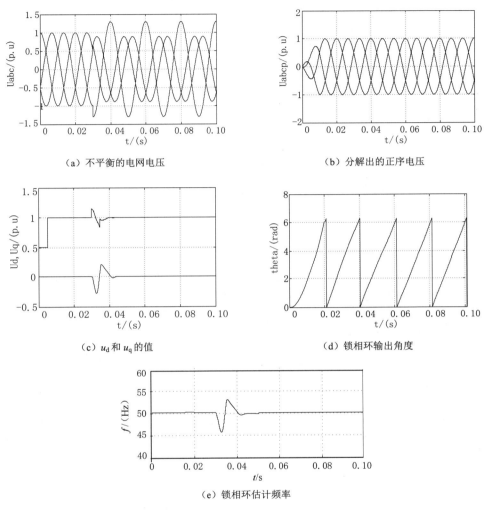

（a）不平衡的电网电压　　　　　　　　　　（b）分解出的正序电压

（c）u_d 和 u_q 的值　　　　　　　　　　（d）锁相环输出角度

（e）锁相环估计频率

图 6.9　改进的单同步坐标系软件锁相法在电网不平衡时的仿真波形

通过仿真实验分析得到，在电网电压不平衡时，改进的单同步坐标系软件锁相法可以消除电压不平衡的影响，具有很强的谐波抑制能力和频率自适应性，可以考虑应用于风力发电系统中网侧变换器的锁相场合。

6. 基于双同步坐标系的解耦软件锁相法

EPLL 允许三相系统中的每相电压都完成单独的频率自适应同步化，尽管基于 EPLL 的正序检测器是不平衡三相系统中电网同步化的一个可选择的方法，但有些特征值还有待研究。

下面介绍基于双同步坐标系的解耦软件锁相环（DDSRF-PLL）。双同步坐标系包括两个旋转坐标系，一个是以角速度 ω 沿逆时针方向旋转的正序坐标系 dq_{p}，设其角度为 $\hat{\theta}$；而另一个是以相同的角速度 ω 沿顺时针方向旋转的负序坐标系 dq_{n}，设其角度为 $-\hat{\theta}$。其中，$\hat{\theta}$ 表示锁相环的输出角度。正、负序同步旋转坐标系及电压矢量图如图 6.10 所示。

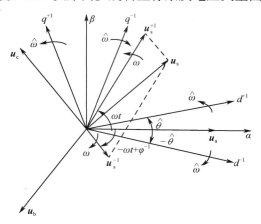

图 6.10　正、负序同步旋转坐标系及电压矢量图

任意不平衡的电网电压矢量 $\boldsymbol{u}_{\mathrm{s}}$ 都可以分解成正、负序两个分量，它们分别以相同的角速度 ω 沿逆时针和顺时针两个方向旋转，因此在静止坐标系 $\alpha\beta$ 内的电压矢量可以表示为

$$\boldsymbol{u}_{\mathrm{s}\alpha\beta} = \boldsymbol{u}_{\mathrm{s}\alpha\beta}^{+1} + \boldsymbol{u}_{\mathrm{s}\alpha\beta}^{-1} = \boldsymbol{U}_{\mathrm{s}}^{+1}\begin{bmatrix} \cos(\omega t + \varphi^{+1}) \\ \sin(\omega t + \varphi^{+1}) \end{bmatrix} + \boldsymbol{U}_{\mathrm{s}}^{-1}\begin{bmatrix} \cos(-\omega t + \varphi^{-1}) \\ \sin(-\omega t + \varphi^{-1}) \end{bmatrix} \tag{6.10}$$

式中，φ^{+1} 和 φ^{-1} 分别表示正序分量和负序分量的初始相位。

当锁相成功时，有 $\hat{\theta} = \omega t$，则式（6.10）中的电压矢量可以表示为

$$\boldsymbol{u}_{\mathrm{sdq}^{+1}} = \begin{bmatrix} u_{\mathrm{sd}^{+1}} \\ u_{\mathrm{sq}^{+1}} \end{bmatrix} = \boldsymbol{U}_{\mathrm{s}}^{+1}\begin{bmatrix} \cos(\varphi^{+1}) \\ \sin(\varphi^{+1}) \end{bmatrix} + \boldsymbol{U}_{\mathrm{s}}^{-1}\cos(\varphi^{-1})\begin{bmatrix} \cos 2\omega t \\ -\sin 2\omega t \end{bmatrix} +$$
$$\boldsymbol{U}_{\mathrm{s}}^{-1}\sin(\varphi^{-1})\begin{bmatrix} \sin 2\omega t \\ \cos 2\omega t \end{bmatrix} \tag{6.11}$$

$$\boldsymbol{u}_{\mathrm{sdq}^{-1}} = \begin{bmatrix} u_{\mathrm{sd}^{-1}} \\ u_{\mathrm{sq}^{-1}} \end{bmatrix} = \boldsymbol{U}_{\mathrm{s}}^{-1}\begin{bmatrix} \cos(\varphi^{-1}) \\ \sin(\varphi^{-1}) \end{bmatrix} + \boldsymbol{U}_{\mathrm{s}}^{+1}\cos(\varphi^{+1})\begin{bmatrix} \cos 2\omega t \\ \sin 2\omega t \end{bmatrix} +$$
$$\boldsymbol{U}_{\mathrm{s}}^{+1}\sin(\varphi^{+1})\begin{bmatrix} -\sin 2\omega t \\ \cos 2\omega t \end{bmatrix} \tag{6.12}$$

从式（6.11）和式（6.12）可以看出，两个坐标系之间存在相互耦合作用：正序坐标系 dq^{+1} 中振荡量的幅值取决于负序坐标系 dq^{-1} 中的平均值，而负序坐标系 dq^{-1} 中振荡量的幅值取决于正序坐标系 dq^{+1} 中的平均值。为了同时抑制正、负序坐标系中的振荡量，在正、负坐标系中同时使用图 6.11 所示的解耦单元，图中的 p=1，表示正序分量；n=-1，表示负序分量。图 6.11 所示是正序坐标系 dq_{p} 的解耦单元。若将图 6.11 中的 p 和 n 调换，则也可以用来表示负序坐标系的解耦单元。图 6.12 所示为 DDSRF-PLL 控制框图。

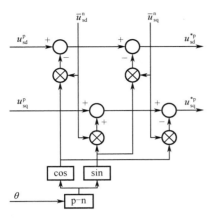

图 6.11 正序坐标系 dq_p 的解耦单元

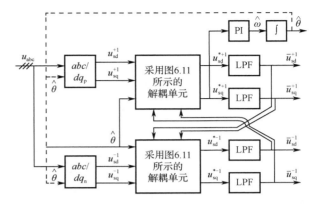

图 6.12 DDSRF-PLL 控制框图

当电网电压不平衡时，采用解耦的双同步坐标系软件锁相环不仅可以准确估算出电网电压中正序和负序基波分量的幅值大小及电网电压的频率大小，而且可以精确估算出正序电压基波分量的相位角。

此方法的缺点是系统中要用到低通滤波器，会降低系统的响应速度；另外，此方法的算法比较复杂，增加了软件编程的难度。

7. 双二阶通用积分器-正交信号发生器软件锁相法

根据里昂的论述，一般三相电压矢量 $\boldsymbol{u}_{\mathrm{abc}} = [u_\mathrm{a} \quad u_\mathrm{b} \quad u_\mathrm{c}]^\mathrm{T}$ 的瞬态正序分量 $\boldsymbol{u}_{\mathrm{abc}}^+ = [u_\mathrm{a}^+ \quad u_\mathrm{b}^+ \quad u_\mathrm{c}^+]^\mathrm{T}$ 和瞬态负序分量 $\boldsymbol{u}_{\mathrm{abc}}^- = [u_\mathrm{a}^- \quad u_\mathrm{b}^- \quad u_\mathrm{c}^-]^\mathrm{T}$ 为

$$\boldsymbol{u}_{\mathrm{abc}}^+ = [u_\mathrm{a}^+ \quad u_\mathrm{b}^+ \quad u_\mathrm{c}^+]^\mathrm{T} = [\mathrm{T}^+]\boldsymbol{u}_{\mathrm{abc}} \tag{6.13a}$$

$$\boldsymbol{u}_{\mathrm{abc}}^- = [u_\mathrm{a}^- \quad u_\mathrm{b}^- \quad u_\mathrm{c}^-]^\mathrm{T} = [\mathrm{T}^-]\boldsymbol{u}_{\mathrm{abc}} \tag{6.13b}$$

$[\mathrm{T}^+]$ 和 $[\mathrm{T}^-]$ 定义如下：

$$[\mathrm{T}^+] = \frac{1}{3}\begin{bmatrix} 1 & a^2 & a \\ a & 1 & a^2 \\ a^2 & a & 1 \end{bmatrix}, \quad [\mathrm{T}^-] = \frac{1}{3}\begin{bmatrix} 1 & a & a^2 \\ a^2 & 1 & a \\ a & a^2 & 1 \end{bmatrix}, \quad a = \mathrm{e}^{-\mathrm{j}\frac{2\pi}{3}} \tag{6.14}$$

可将三相电压从坐标系 abc 变换到坐标系 $\alpha\beta$，即

$$\boldsymbol{u}_{\alpha\beta} = [u_\alpha \quad u_\beta]^\mathrm{T} = [\mathrm{T}_{\alpha\beta}]\boldsymbol{u}_{\mathrm{abc}} \tag{6.15}$$

$$[\mathrm{T}_{\alpha\beta}] = \frac{2}{3}\begin{bmatrix} 1 & -\dfrac{1}{2} & -\dfrac{1}{2} \\ 0 & \dfrac{\sqrt{3}}{2} & -\dfrac{\sqrt{3}}{2} \end{bmatrix} \tag{6.16}$$

因此，坐标系 $\alpha\beta$ 中的瞬态正、负序电压分量可按下式进行计算：

$$\boldsymbol{u}_{\alpha\beta}^+ = [\mathrm{T}_{\alpha\beta}][\mathrm{T}^+]\boldsymbol{u}_{\mathrm{abc}} = [\mathrm{T}_{\alpha\beta}][\mathrm{T}^+][\mathrm{T}_{\alpha\beta}]^{-1}\boldsymbol{u}_{\alpha\beta} = \frac{1}{2}\begin{bmatrix} 1 & -q \\ q & 1 \end{bmatrix}\boldsymbol{u}_{\alpha\beta} \tag{6.17a}$$

$$\boldsymbol{u}_{\alpha\beta}^- = [\mathrm{T}_{\alpha\beta}][\mathrm{T}^-]\boldsymbol{u}_{\mathrm{abc}} = [\mathrm{T}_{\alpha\beta}][\mathrm{T}^-][\mathrm{T}_{\alpha\beta}]^{-1}\boldsymbol{u}_{\alpha\beta} = \frac{1}{2}\begin{bmatrix} 1 & q \\ -q & 1 \end{bmatrix}\boldsymbol{u}_{\alpha\beta} \tag{6.17b}$$

式中，$q = e^{-j\frac{\pi}{2}}$，是一个相位移时域运算子，使用它可以获得与原始波形正交（滞后90°）的波形。式（6.17）的变换可在图 6.13 所示的双二阶通用积分器锁相环的正、负序计算器（PNSC）中实现。

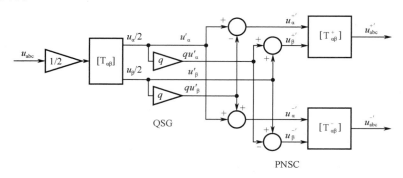

图 6.13   正、负序分量计算原理图

由 q 算子引入的时延根据输入电压的基波频率动态地设置。根据输入电压 n 次谐波计算的正序分量为

$$u_{\alpha\beta}^{+} = \frac{1}{2}\begin{bmatrix} 1 & -nq \\ nq & 1 \end{bmatrix} u_{\alpha\beta}^{n} \qquad (6.18)$$

式中，n 的正、负号分别表示输入电压的正、负序。根据式（6.18），在坐标系 $\alpha\beta$ 中，正序计算器的谐波抑制能力可以总结在表 6.1 中。正序计算器不是一个相序变换器，因此，若负序信号施加到正序计算器的输入中，到达输出端时还是相同的相序，但是乘了一个因数，如表 6.1 所示。从这方面讲，式（6.17）的正、负序分量计算比式（6.13）要好，因为通过二次变换，谐波特征传播比较明显。在正、负序计算器的分析中，要分析当 q 算子延时频率 ω' 与实际电网频率 ω 不同时正序估算的误差。在这种不同步的情况下，正序计算器输入 n 次谐波的因数为

$$u_{\alpha}^{+} = C^{n} u_{\alpha}^{n} = \begin{cases} |C^{n}| = \sqrt{\frac{1}{2}\left[1 + \sin\left(n\frac{\omega}{\omega'}\frac{\pi}{2}\right)\right]} \\ \underline{/C^{n}} = \mathrm{sgn}\, n \arctan\dfrac{\cos\left(n\frac{\omega}{\omega'}\frac{\pi}{2}\right)}{2|C^{n}|^{2}} \end{cases} \qquad (6.19)$$

表 6.1   正序计算器中的谐波传播

谐 波 次 数	输入信号相序	
	+	−
1	$1\underline{/0°}$	0
2	$\frac{\sqrt{2}}{2}\underline{/-45°}$	$\frac{\sqrt{2}}{2}\underline{/45°}$
3	0	$1\underline{/0°}$

续表

谐 波 次 数	输入信号相序	
	+	−
4	$\frac{\sqrt{2}}{2}\underline{/45°}$	$\frac{\sqrt{2}}{2}\underline{/-45°}$
5	$1\underline{/0°}$	0
...	...	...

1）产生正交信号的二阶通用积分器

为了克服全通滤波器不能抑制谐波和畸变，以及频率适应性比较差的缺陷，有的文献中使用单相 EPLL。EPLL 实际上是一个自适应陷波滤波器，它是基于降低正交信号的乘积的，滤波器的频率根据电网的基波频率来移动。其他先进的频率自适应正交信号发生技术有基于锁相环的 Hilbert 变换和基于 PLL 的逆派克变换，然而结构都很复杂。为了简化，使用如图 6.14 所示的二阶通用积分器-正交信号发生器，其传递函数为

$$D(s)=\frac{u'}{u}(s)=\frac{k\omega's}{s^2+k\omega's+\omega'^2} \tag{6.20a}$$

$$Q(s)=\frac{qu'}{u}(s)=\frac{k\omega'^2}{s^2+k\omega's+\omega'^2} \tag{6.20b}$$

式中，ω' 和 k 分别为 SOGI-QSG 的谐振频率和阻尼系数。

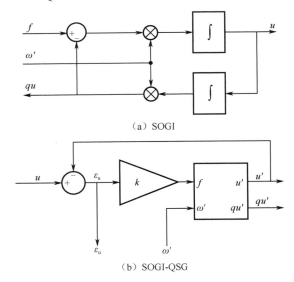

（a）SOGI

（b）SOGI-QSG

图 6.14　二阶通用积分器-正交信号发生器

式（6.20）表明，图 6.14（b）所示的跟踪系统分别为 u' 和 qu' 的输出提供了带通和低通的滤波特性，这有利于减弱输入信号 u 的谐波。式（6.20）也表明，若 u 是一个正弦信号，则 u' 和 qu' 也是正弦信号，且 qu' 总是比 u' 滞后 90°，与 u 的频率及 ω' 和 k 无关。因此图 6.14（b）所示的跟踪系统实际上是一个对调节参数和输入频率变化不敏感的正交信号发生器。再者，SOGI-QSG 不必与其他参考正弦信号同步，这使得它对输入信号相位变化不

敏感。设 u 是一个频率为 ω 的正弦信号，可用相量表示，因此 SOGI-QSG 的输出可以用下式计算：

$$u' = Du, \quad \begin{cases} |D| = \dfrac{k\omega\omega'}{\sqrt{(k\omega\omega')^2 + (\omega^2 - \omega'^2)^2}} \\[3mm] \underline{/D} = \arctan\left(\dfrac{\omega'^2 - \omega^2}{k\omega\omega'}\right) \end{cases} \tag{6.21a}$$

$$qu' = Qu, \quad \begin{cases} |Q| = \dfrac{\omega'}{\omega}\,|D| \\[3mm] \underline{/Q} = \underline{/D} - \dfrac{\pi}{2} \end{cases} \tag{6.21b}$$

式（6.21）也表明，当 SOGI-QSG 的谐振频率和输入信号的频率不匹配时，输出信号的大小和相位都会出现误差。这些误差的结果将在后文分析。

2）基于 DSOGI-PLL 的电网同步化系统

为了确保前述锁相法中的正序检测器在电网频率变化的情况下得到精确的计算结果，必须采用闭环系统去调节 SOGI-QSG 的谐振频率，使之适应实际的电网条件。EPLL 是最简单的单相实现方法，但其过滤功能和 SOGI-QSG 相同。尽管通过两级过滤的作用可以在电压畸变严重的情况下改善检测系统的稳态性能，但这也增强了输出的振荡，并且在电网经历电压跌落时会延长稳态周期。因此，使用熟知的 SRF-PLL 结构代替单相 PLL 来完成电网频率检测和接下来的 DSOGI-QSG 的谐振频率自适应功能，系统的基本结构如图 6.15 所示，在这种情况下，由两个 SOGI-QSG 和一个 PLL 组成的装置将输入信号提供给坐标系 $\alpha\beta$ 的正、负序计算器，通过派克变换将正序电压矢量从静止坐标系 $\alpha\beta$ 变换到旋转坐标系 dq，即

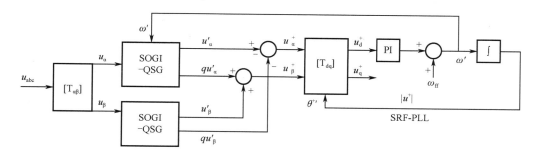

图 6.15 基于 DSOGI-PLL 的电网同步化系统基本结构

$$\boldsymbol{u}_{dq}^{+} = \begin{bmatrix} u_d^+ \\ u_q^+ \end{bmatrix} = [T_{dq}]\boldsymbol{u}_{\alpha\beta}^+, \quad \boldsymbol{u}_{dq}^{-} = \begin{bmatrix} u_d^- \\ u_q^- \end{bmatrix} = [T_{dq}]\boldsymbol{u}_{\alpha\beta}^- \tag{6.22}$$

$$[T_{dq}] = \begin{bmatrix} \cos\theta^+ & \sin\theta^+ \\ -\sin\theta^+ & \cos\theta^+ \end{bmatrix} \tag{6.23}$$

调节回馈环交轴分量到零，以控制坐标系 dq 的角度和估算电网频率。外部回馈环使用

估算的电网频率 ω' 去动态地调节 DSOGI-QSG 的谐振频率，通过使用传统的 PLL 结构来获得频率自适应。在这种情况下，误差信号作为 PLL 的输入，估算的频率反馈给 SOGI-QSG。前馈信号 ω_{ff} 将检测到的频率设定在额定值附近，以减小由 PI 控制引起的累积误差。正序分量的实际幅值和相位角可由下式计算：

$$|\boldsymbol{u}^+|' = \sqrt{(u_\alpha^+)^2 + (u_\beta^+)^2}$$

$$\theta^{+'} = \arctan \frac{u_\beta^+}{u_\alpha^+} \tag{6.24}$$

如前所述，当 SOGI-QSG 的谐振频率和电网频率不匹配时，输出信号的大小和相位都会出现误差，然而这些信号总是正交的。这个特性使得它容易分析出 SOGI-QSG 误差是怎样通过 PSC 传播的。把 u_α 的 n 次谐波表示成相量 u_α^n，根据式（6.19）和式（6.24）可以推断出正序分量计算器的输出为

$$u_\alpha^+ = P^n u_\alpha^n, \quad \begin{cases} |P^n| = \dfrac{k\omega'}{2}\sqrt{\dfrac{(n\omega + \omega')^2}{(kn\omega\omega')^2 + (n^2\omega^2 - \omega'^2)^2}} \\[2mm] \angle P^n = \mathrm{sgn}\,n \arctan\left(\dfrac{\omega'^2 - n^2\omega^2}{kn\omega\omega'}\right) - \dfrac{\pi}{2}[1 - \mathrm{sgn}\,(n^2\omega + n\omega')] \end{cases} \tag{6.25}$$

$$|u_\alpha^+| = |u_\beta^+|, \quad \angle u_\beta^+ = \angle u_\alpha^+ - \frac{\pi}{2}\mathrm{sgn}\,n \tag{6.26}$$

式中，n 的正、负号分别表示输入电压的正、负序。

图 6.15 所示的系统既像正序分量的低通滤波器，又像负序分量的陷波滤波器。这就使得在电网电压出现畸变时，这个检测技术更具有健壮性。当 DSOGI-QSG 的谐振频率和电网频率不一致时，式（6.25）能够精确地估算出正序分量的计算误差。当实际电网频率通过额外的机制（如 PLL）适当地检测出来时，这些方程可以用来补偿估算误差。在这种情况下，PLL 的输出动态地调整 DSOGI-QSG 的谐振频率，以获得正序检测器中的频率自适应功能。

3）基于 DSOGI-FLL 的电网同步化系统

在 SOGI-QSG-PLL 系统的频率估算中，因为没有同步参考坐标，也没有使用压控振荡器，故不需要用到相位和三角函数，可以考虑采用锁频环来代替锁相环。电网频率比电压相位角更稳定，因此出现瞬态故障时，系统有更强的健壮性。图 6.16 所示为锁频环结构图，用一个增益为 γ 的积分控制器对 $-qu'$ 和误差 ε_u 的积进行处理以获得估算的电网频率。基于 DSOGI-FLL 的电网同步化系统结构如图 6.17 所示，它由两个 SOGI-QSG 和一个 FLL 组成，给坐标系 $\alpha\beta$ 的正、负序计算提供输入信号。

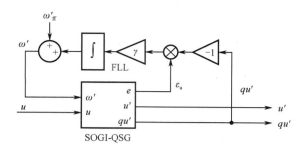

图 6.16　锁频环结构图

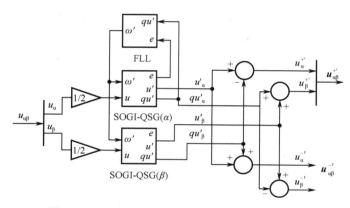

图 6.17　基于 DSOGI-FLL 的电网同步化系统结构

当 $\boldsymbol{u}_{\alpha\beta}$ 是频率为 ω 的对称的正序电压时，它的 α、β 分量有以下关系：

$$u_{\beta}(s) = -\frac{s}{\omega}u_{\alpha}(s) \tag{6.27}$$

考虑到

$$u_{\alpha}^{+'}(s) = \frac{1}{2}[u_{\alpha}'(s) - qu_{\beta}'(s)] = \frac{1}{2}\left[D(s) + \frac{s}{\omega}Q(s)\right]u_{\alpha}(s) \tag{6.28}$$

在复域内，从 u_{α} 变换到 $u_{\alpha}^{+'}$ 的传递函数为

$$P(\mathrm{j}\omega) = \frac{u_{\alpha}^{+'}}{u_{\alpha}}(\mathrm{j}\omega) = \frac{1}{2}\frac{k\omega'(\omega+\omega')}{k\omega\omega' + \mathrm{j}(\omega^2 - \omega'^2)} \tag{6.29}$$

ω' 为稳态时锁相环检测到的频率。同理，$u_{\beta}^{+'}$ 与 $u_{\alpha}^{+'}$ 大小相等，但是 $u_{\beta}^{+'}$ 比 $u_{\alpha}^{+'}$ 滞后 $90°$。当 $\boldsymbol{u}_{\alpha\beta}$ 是一个频率为 ω 的负序电压时，只需用 $-\omega$ 代替 ω 即可。对 $\boldsymbol{u}_{\alpha\beta}^{+}$ 的检测结果可直接应用于 $\boldsymbol{u}_{\alpha\beta}^{-}$ 的检测，只是需要将正、负序分量互换。

4）仿真及结果

为了验证 DSOGI-FLL 的性能，用 MATLAB 对电网电压在同时受到不平衡和畸变影响的不利电网条件下的相位角检测进行了仿真。在电网电压中加入负序分量，以获得不平衡电网电压。图 6.18（a）表示在 $t=0.30\text{s}$ 时电网电压出现了不平衡，图 6.18（b）所示为检测到的电网电压正序分量的相位角和波形（用自然坐标系 abc 表示）。图 6.19（a）表示在

t =0.30s 时电网电压出现了畸变，故障电压的 5 次、7 次特征谐波的畸变率分别设为 3.7%、3.1%；图 6.19（b）所示为检测到的电网电压正序分量的相位角和波形。仿真结果表明 DSOGI-FLL 在较差的电网条件下仍具有优良的性能。

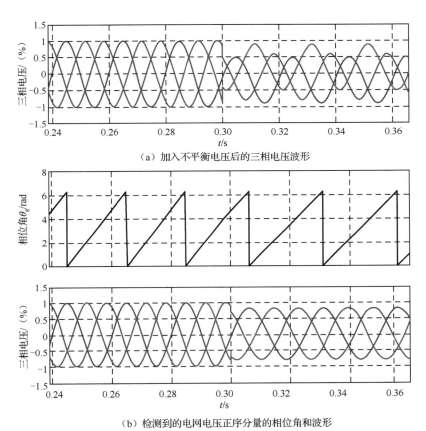

（a）加入不平衡电压后的三相电压波形

（b）检测到的电网电压正序分量的相位角和波形

图 6.18　在电压不平衡情况下 DSOGI-FLL 的仿真波形

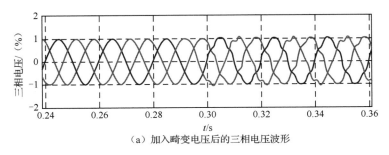

（a）加入畸变电压后的三相电压波形

图 6.19　在电压畸变情况下 DSOGI-FLL 的仿真波形

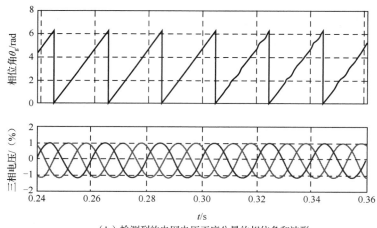

（b）检测到的电网电压正序分量的相位角和波形

图 6.19　在电压畸变情况下 DSOGI-FLL 的仿真波形（续）

为了对直驱风力发电系统变换器电网同步化控制策略进行研究，利用图 3.27 所示的模拟实验系统，对用双二阶通用积分器锁频环（DSOGI-FLL）方法实现电网同步化的可行性进行了研究。实验采用在网侧变换器进行母线电压稳定控制、在发电机侧变换器进行功率控制的控制策略，通过使用可编程三相交流电源获得不平衡及畸变的电压。图 6.20 所示为电网电压不平衡及畸变时使用 DSOGI-FLL 电网同步化方法获得的波形。图 6.20（a）表示受到不平衡或畸变影响的电网电压，图 6.20（b）表示利用 DSOGI-FLL 电网同步化方法检测出的正序电压，图 6.20（c）表示检测出的正、负序电压幅值，图 6.20（d）表示锁相环输出的相位角。从图 6.20 可以看出，当电网电压出现不平衡或畸变时，DSOGI-FLL 不仅可以准确地估算出电网电压中正、负序基波分量的幅值大小，还可以估算出正序电压的相位角。

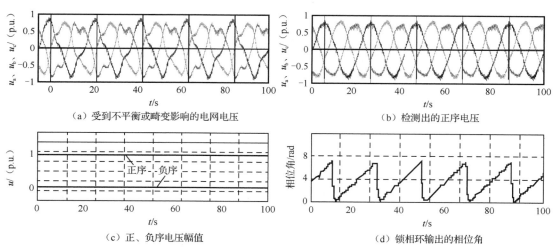

（a）受到不平衡或畸变影响的电网电压　　　　（b）检测出的正序电压

（c）正、负序电压幅值　　　　　　　　　（d）锁相环输出的相位角

图 6.20　电网电压不平衡及畸变时使用 DSOGI-FLL 电网同步化方法获得的波形

6.3　本章小结

本章首先介绍了锁相环的功能和结构，然后对单同步坐标系软件锁相法（包括传统的、基于对称分量法的、基于 d-q 变换的和改进的单同步软件锁相法）、基于双同步坐标系的解耦软件锁相法和双二阶通用积分器-正交信号发生器软件锁相法的锁相原理进行了研究，分析了它们各自的优缺点，重点讨论了双二阶通用积分器-正交信号发生器软件锁相法的锁相原理，通过仿真和实验验证了这种锁相法在电网电压不平衡和畸变时的锁相性能。

双二阶通用积分器-正交信号发生器锁相环包括三个基本模块，分别是双二阶通用积分器 SOGI，用作正交信号发生器（QSG）；锁频环 FLL，用来获得电网频率自适应；正、负序计算器（PNSC），实现坐标系 $\alpha\beta$ 的瞬时对称分量计算。这种新型软件锁相环原理简单，易于用数字滤波来实现，能对不平衡及畸变的电网电压进行快速而准确的估算和稳定的跟踪，可为大型风力发电机组在不对称电网故障时的运行控制提供依据。

第 7 章 电网故障时直驱风力发电系统的运行与控制

直驱风力发电系统中发电机发出的功率全部通过功率变换器传递到电网，因此功率变换器是整个系统的关键，风力发电系统的故障穿越能力与系统中变换器的控制密切相关。

7.1 电网故障时直驱风力发电系统的控制策略

为了实现风力发电系统在电网故障时的控制目标，PMSG 风轮机组的故障运行控制包括两大部分：桨距角控制系统及 PMSG 风轮机组的保护和控制系统。

如 3.2 节所述，直驱风力发电系统有两种控制策略，一种是传统控制策略，即用发电机侧变换器控制流向电网的有功和无功功率，而用网侧变换器控制直流母线电压和发电机定子电压；另一种是新型控制策略，刚好将传统的控制策略反过来。使用新型控制策略，当电网发生故障时，由于发电机侧变换器可以不受影响地继续对发电机的定子电压和直流母线电压进行控制，因此在没有采取任何措施的条件下可使直驱风力发电系统具有一定的故障穿越能力。本章主要对新型控制策略进行讨论，正常运行时的直驱风力发电系统控制框图如图 3.17 所示。

7.2 电网故障时直驱风力发电系统的控制

7.2.1 电网故障时直驱风力发电系统的控制结构

电网故障期间的 PMSG 风轮控制是在 PMSG 风轮正常运行时的控制结构的基础上进行扩展而实现的，如图 7.1 所示。正常运行时，控制结构中只有电流环控制和功率环控制两级，在电网故障时加入了第三级控制，即考虑了振荡阻尼控制器和电压控制器的作用。变换器的控制可分为两级，第一级为电流内环控制级，第二级为功率外环控制级。在变换器第二级控制中，有功和无功功率设置点信号在很大程度上取决于风轮机组正在运行的模式，即运行在正常或故障模式下。例如，在正常运行时，网侧变换器的有功功率参考点 P_g^* 由最大功率点跟踪（MPPT）查表得到。根据气动理论，对应于每个风轮转速，产生最大气动效率 C_p 的发电机转速都只有一个。如果电网出现故障，发电机转速变化不是由于风速的改变引起的，而是由于电气转矩减小而引起的，则此时的有功功率设置点 P_g^* 必须与正常运行时有所不同，即将 P_g^* 定义为故障运行 PI 控制器的输出。当检测到故障时，有功功率设置点 P_g^* 将从正常运行定义值切换到故障运行定义值，如图 7.2 所示。

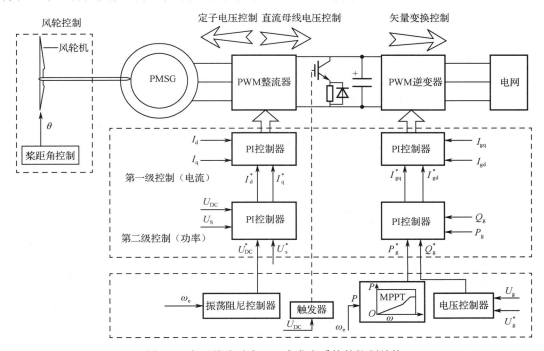

图 7.1 电网故障时直驱风力发电系统的控制结构

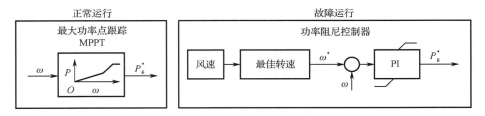

图 7.2 正常和故障运行时有功功率设置点的确定

在电网出现故障时，PI 控制器根据实际发电机转速和它的参考值之间的偏差为网侧变换器控制环产生有功功率参考信号 P_g^*。

网侧变换器的无功功率参考点 Q_g^* 根据无功功率的需求设为某个值或零。在正常运行时，GSC 设置为无功中性点，即 $Q_g^* = 0$，这意味着网侧变换器只与电网交换有功功率，因此，从 PMSG 传输到电网的功率是有功功率，无功功率不能通过变换器从风轮传递到电网。在电网出现故障时，为了使用功率变换器支持电网电压，将无功功率设定为某个值，即网侧变换器电压调节器的输出，如图 7.2 所示。

7.2.2 网侧变换器中的电流控制器

在电网电压跌落时，变换器的运行特性与变换器控制系统的结构密切相关，主要取决于电流控制环和电网同步化方法。大多数情况下的电压跌落是由短路故障引起的。实际运行中发生的电网故障多为不对称故障，这些故障引起的电压跌落不仅有正序电压分量，也有负序和零序电压分量，而在三线系统中可以忽略零序分量。因此，需要一个能同时处理正序和负序分量的控制器。

根据电网的故障类型，即对称和不对称的两种情况，主要有两种控制网侧变换器的方法。第一种情况是在对称的电网故障条件下，网侧变换器的运行类似于正常电网条件下的运行，变换器的电流控制器只使用正序分量就可以获得良好的性能。唯一的差别在于由于电网电压下降，对变换器采取的限流保护措施会导致直流母线电压的升高。第二种情况是在不对称的电网故障情况下，产生了负序分量，负序分量对网侧变换器的控制会带来严重的影响。在电网电压不平衡条件下，通过选择较高采样频率可以获得正弦对称电流，然而，直流母线电压将以两倍电网频率波动；反过来，控制直流母线电压不变，则会引起电网电流不对称。网侧变换器运行的主要作用是降低直流母线电压的波动。因此，提出不同的处理不平衡电压的方法：首先采用相序分离法（SSM）将相电压分解成正、负序电压分量，然后用正序或同时使用正、负序分量去处理电网电压不平衡的情况。

1. 三种不同的电流控制器

根据电网电压是否对称，网侧变换器中使用的电流控制器有三种。第一种只使用正序参考坐标系对有功、无功电流进行单独控制，如图 7.3 所示，适合电网电压对称的情况，这种方法称为 VCC。第二种首先采用相序分离法（SSM）将不对称的电网电压分解成对称的正、负序分量，然后将正序电压分量输入正序参考坐标系中，负序电压分量直接加到参考电压上，如图 7.4 所示，这种方法称为 VCCF，F 表示前馈。第三种首先分别将电压和电流进行相序分离，然后在正、负序两个参考坐标系（dq_p、dq_n）中分别使用两个电流控制器，如图 7.5 所示，这种方法称为 DVCC。其中的 sw(t) 为功率变换器的输出信号。

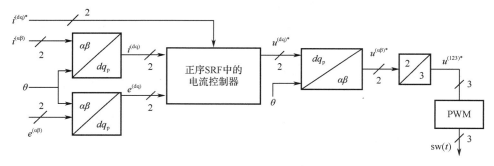

图 7.3　只使用正序参考坐标系的电流控制器

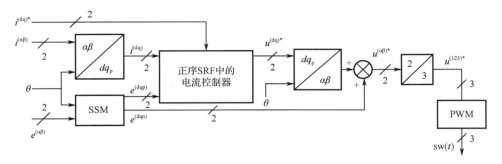

图 7.4　使用正序参考坐标系和负序分量前馈控制的电流控制器

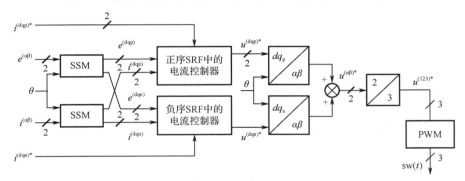

图 7.5　使用正、负序参考坐标系的双电流控制器

2．参考电流算法

1）瞬时有功和无功功率（IARC）控制法

在三相系统中，瞬时有功功率 p 和无功功率 q 可以用电压矢量 $\boldsymbol{u}$ 和电流矢量 $\boldsymbol{i}$ 表示为

$$p = \boldsymbol{u} \cdot \boldsymbol{i}, \quad q = |\boldsymbol{u} \times \boldsymbol{i}_q| = \boldsymbol{u}_\perp \cdot \boldsymbol{i}_q \tag{7.1}$$

式中，$\boldsymbol{u}_\perp$ 表示比 $\boldsymbol{u}$ 超前 90° 的矢量。向电网传递有功功率 P 和无功功率 Q 的有功电流和无功电流分别为

$$\boldsymbol{i}_p^* = \frac{P}{|\boldsymbol{u}|^2}\boldsymbol{u}, \quad \boldsymbol{i}_q^* = \frac{Q}{|\boldsymbol{u}|^2}\boldsymbol{u}_\perp \tag{7.2}$$

2）对称的正序分量（BPS）控制法

当注入电网的电流起决定作用时，式（7.2）中的电压矢量可以用正序分量 $\boldsymbol{u}^+$ 来代替，这可以由 DSOGI-QSG-FLL 计算出来。电流参考值为

$$\boldsymbol{i}_p^* = \frac{P}{|\boldsymbol{u}^+|^2}\boldsymbol{u}^+, \quad \boldsymbol{i}_q^* = \frac{Q}{|\boldsymbol{u}^+|^2}\boldsymbol{u}_\perp^+ \tag{7.3}$$

假定注入逆变器的电流能完全地跟踪参考电流，传递给电网的瞬时有功功率 p 和无功功率 q 与功率参考 P 和 Q 存在差值，因为注入电流 $\boldsymbol{i}^* = \boldsymbol{i}_p^* + \boldsymbol{i}_q^*$ 与负序电网电压相互作用，即

$$p = \boldsymbol{u} \cdot \boldsymbol{i}^* = \underbrace{\boldsymbol{u}^+ \cdot \boldsymbol{i}_p^*}_{P} + \underbrace{\boldsymbol{u}^- \cdot (\boldsymbol{i}_p^* + \boldsymbol{i}_q^*)}_{\tilde{p}} \tag{7.4}$$

$$q = \boldsymbol{u}_\perp \cdot \boldsymbol{i}^* = \underbrace{\boldsymbol{u}_\perp^+ \cdot \boldsymbol{i}_q^*}_{Q} + \underbrace{\boldsymbol{u}_\perp^- \cdot (\boldsymbol{i}_p^* + \boldsymbol{i}_q^*)}_{\tilde{q}} \tag{7.5}$$

3）正、负序补偿（PNSC）控制

假定在电网故障期间，注入电网的电流是不对称的，但是没有畸变，即 $\boldsymbol{i} = \boldsymbol{i}^+ + \boldsymbol{i}^-$，传递到电网的瞬时功率为

$$p = \boldsymbol{u} \cdot \boldsymbol{i} = \boldsymbol{u}^+ \cdot \boldsymbol{i}^+ + \boldsymbol{u}^- \cdot \boldsymbol{i}^- + \boldsymbol{u}^+ \cdot \boldsymbol{i}^- + \boldsymbol{u}^- \cdot \boldsymbol{i}^+ \tag{7.6}$$

$$q = \boldsymbol{u}_\perp \cdot \boldsymbol{i} = \boldsymbol{u}_\perp^+ \cdot \boldsymbol{i}^+ + \boldsymbol{u}_\perp^- \cdot \boldsymbol{i}^- + \boldsymbol{u}_\perp^+ \cdot \boldsymbol{i}^- + \boldsymbol{u}_\perp^- \cdot \boldsymbol{i}^+ \tag{7.7}$$

对式（7.6）和式（7.7）分别施加下列条件，即

$$\boldsymbol{u}^+ \cdot \boldsymbol{i}_p^{*+} + \boldsymbol{u}^- \cdot \boldsymbol{i}_p^{*-} = P, \quad \boldsymbol{u}^+ \cdot \boldsymbol{i}_p^{*-} + \boldsymbol{u}^- \cdot \boldsymbol{i}_p^{*+} = 0 \tag{7.8}$$

$$\boldsymbol{u}_\perp^+ \cdot \boldsymbol{i}_q^{*+} + \boldsymbol{u}_\perp^- \cdot \boldsymbol{i}_q^{*-} = Q, \quad \boldsymbol{u}_\perp^+ \cdot \boldsymbol{i}_q^{*-} + \boldsymbol{u}_\perp^- \cdot \boldsymbol{i}_q^{*+} = 0 \tag{7.9}$$

可以分别计算出有功和无功参考电流

$$\boldsymbol{i}_p^* = \frac{P}{|\boldsymbol{u}^+|^2 - |\boldsymbol{u}^-|^2}(\boldsymbol{u}^+ - \boldsymbol{u}^-) \tag{7.10}$$

$$\boldsymbol{i}_q^* = \frac{Q}{|\boldsymbol{u}^+|^2 - |\boldsymbol{u}^-|^2}(\boldsymbol{u}_\perp^+ - \boldsymbol{u}_\perp^-) \tag{7.11}$$

若在不平衡电网中注入式（7.11）和式（7.10）所示的电流，则瞬时功率与功率参考值不同，因为不同相序和不同方向的电压矢量和电流矢量存在相互作用，即

$$p = \boldsymbol{u} \cdot (\boldsymbol{i}_p^* + \boldsymbol{i}_q^*) = \underbrace{\boldsymbol{u}^+ \cdot \boldsymbol{i}_p^{*+} + \boldsymbol{u}^- \cdot \boldsymbol{i}_p^{*-}}_{P} + \underbrace{\boldsymbol{u}^+ \cdot \boldsymbol{i}_q^{*-} + \boldsymbol{u}^- \cdot \boldsymbol{i}_q^{*+}}_{\tilde{p}} \tag{7.12}$$

$$q = \boldsymbol{u}_\perp \cdot (\boldsymbol{i}_p^* + \boldsymbol{i}_q^*) = \underbrace{\boldsymbol{u}_\perp^+ \cdot \boldsymbol{i}_q^{*+} + \boldsymbol{u}_\perp^- \cdot \boldsymbol{i}_q^{*-}}_{Q} + \underbrace{\boldsymbol{u}_\perp^+ \cdot \boldsymbol{i}_p^{*-} + \boldsymbol{u}_\perp^- \cdot \boldsymbol{i}_p^{*+}}_{\tilde{q}} \tag{7.13}$$

7.2.3　不平衡电压下直流母线电压的控制机理

由第 3 章相关内容可知，电流环控制的延迟性使发电机侧变换器和网侧变换器的直流电流不可能相等。也就是说，在没有电网故障的情况下运行时，直流侧电容上的电压也会有波动。直流环电压的稳定与否关系到整个风力发电系统的安全与稳定，因此一般要将直流母线电压稳定在一定的水平上。

当电网发生不对称故障时，如果继续采用传统的控制策略，不平衡的电网电压对网侧变换器的性能会带来很大的影响，不仅表现为网侧负序电流，而且直流母线电压将会以 2 倍工频大幅波动，威胁整个系统的运行安全。因此，要消除网侧负序电流和直流侧偶数次纹波这两方面的影响，所采用的技术有两大类：抑制交流侧负序电流的控制技术和抑制直流侧电压波动的控制技术。为此，要将电压和电流分解成正序和负序分量。

若考虑三相电网电压不平衡，则可将电网电压 U 表示为正序电压 U^P、负序电压 U^N 和零序电压 U^0 三者之和，即

$$U = U^P + U^N + U^0 \tag{7.14}$$

　　为了分析直流母线电压的控制机理，重画网侧 PWM 变换器等效电路图，如图 7.6 所示。在无中线的三相变换器中，可不考虑零序电压的作用，令 $U^0=0$。在坐标系 dq 中，电网不平衡电动势 E_a、E_b、E_c 可表示为

$$\boldsymbol{E}_{\mathrm{dqs}} = E_{\mathrm{dq}}^{\mathrm{P}} \mathrm{e}^{\mathrm{j}\omega t} + E_{\mathrm{dq}}^{\mathrm{N}} \mathrm{e}^{-\mathrm{j}\omega t} \tag{7.15}$$

式中，$\boldsymbol{E}_{\mathrm{dqs}}$ 为电网不平衡电动势复矢量，$\boldsymbol{E}_{\mathrm{dqs}} = \dfrac{2}{3}(E_a + E_b \mathrm{e}^{\mathrm{j}2\pi/3} + E_c \mathrm{e}^{-\mathrm{j}2\pi/3})$；$E_{\mathrm{dq}}^{\mathrm{P}} \mathrm{e}^{\mathrm{j}\omega t}$ 为逆时针旋转的电网电动势正序分量，$E_{\mathrm{dq}}^{\mathrm{P}} = E_{\mathrm{d}}^{\mathrm{P}} + \mathrm{j}E_{\mathrm{q}}^{\mathrm{P}}$；$E_{\mathrm{dq}}^{\mathrm{N}} \mathrm{e}^{-\mathrm{j}\omega t}$ 为顺时针旋转的电网电动势的负序分量，$E_{\mathrm{dq}}^{\mathrm{N}} = E_{\mathrm{d}}^{\mathrm{N}} + \mathrm{j}E_{\mathrm{q}}^{\mathrm{N}}$。

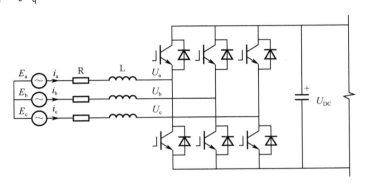

图 7.6　网侧 PWM 变换器等效电路图

　　根据图 7.6，采用第 6 章所述的电网同步化方法将不平衡电网电压分解成正、负序分量，网侧变换器在正、负序旋转坐标系中的数学模型可分别表示为

$$\begin{cases} L\dfrac{\mathrm{d}I_{\mathrm{gd}}^{\mathrm{P}}}{\mathrm{d}t} = -RI_{\mathrm{gd}}^{\mathrm{P}} + \omega L I_{\mathrm{gq}}^{\mathrm{P}} + E_{\mathrm{d}}^{\mathrm{P}} - U_{\mathrm{gd}}^{\mathrm{P}} \\[2mm] L\dfrac{\mathrm{d}I_{\mathrm{gq}}^{\mathrm{P}}}{\mathrm{d}t} = -RI_{\mathrm{gq}}^{\mathrm{P}} - \omega L I_{\mathrm{gd}}^{\mathrm{P}} + E_{\mathrm{q}}^{\mathrm{P}} - U_{\mathrm{gq}}^{\mathrm{P}} \\[2mm] L\dfrac{\mathrm{d}I_{\mathrm{gd}}^{\mathrm{N}}}{\mathrm{d}t} = -RI_{\mathrm{gd}}^{\mathrm{N}} - \omega L I_{\mathrm{gq}}^{\mathrm{N}} + E_{\mathrm{d}}^{\mathrm{N}} - U_{\mathrm{gd}}^{\mathrm{N}} \\[2mm] L\dfrac{\mathrm{d}I_{\mathrm{gq}}^{\mathrm{N}}}{\mathrm{d}t} = -RI_{\mathrm{gq}}^{\mathrm{N}} + \omega L I_{\mathrm{gd}}^{\mathrm{N}} + E_{\mathrm{q}}^{\mathrm{N}} - U_{\mathrm{gq}}^{\mathrm{N}} \end{cases} \tag{7.16}$$

式中，U_{gd}^{K}、U_{gq}^{K} 分别为交流侧电压的 d、q 轴分量 I_{gd}^{K}、I_{gq}^{K} 分别为交流侧电流的 d、q 轴分量；E_{d}^{K}、E_{q}^{K} 分别为电网电动势的 d、q 轴分量；K=P 或 N。

　　系统的视在功率为

$$S = E_{\mathrm{dq}} I_{\mathrm{dq}} = (E_{\mathrm{dq}}^{\mathrm{P}} \mathrm{e}^{\mathrm{j}\omega t} + E_{\mathrm{dq}}^{\mathrm{N}} \mathrm{e}^{-\mathrm{j}\omega t})(I_{\mathrm{dq}}^{\mathrm{P}} \mathrm{e}^{\mathrm{j}\omega t} + I_{\mathrm{dq}}^{\mathrm{N}} \mathrm{e}^{-\mathrm{j}\omega t}) \tag{7.17}$$

　　有功功率 P 和无功功率 Q 为

$$\begin{cases} P(t) = P_0 + P_{\mathrm{c}2}\cos 2\omega t + P_{\mathrm{s}2}\sin 2\omega t \\ Q(t) = Q_0 + Q_{\mathrm{c}2}\cos 2\omega t + Q_{\mathrm{s}2}\sin 2\omega t \end{cases} \tag{7.18}$$

式中，P_0、Q_0 分别为网侧变换器有功和无功的直流分量；$P_{\mathrm{c}2}$、$Q_{\mathrm{c}2}$ 分别为网侧变换器二次

谐波有功和无功余弦最大值；P_{s2}、Q_{s2} 分别为网侧变换器二次谐波有功和无功正弦最大值。可得到

由式（7.18）可以看出，电网电压不平衡时，网侧变换器瞬时有功、无功功率均含有二次谐波分量。

$$\begin{cases} P_0 = 1.5(E_d^P I_{gd}^P + E_q^P I_{gq}^P + E_d^N I_{gd}^N + E_q^N I_{gq}^N) \\ P_{c2} = 1.5(E_d^P I_{gd}^N + E_q^P I_{gq}^N + E_d^N I_{gd}^P + E_q^N I_{gq}^P) \\ P_{s2} = 1.5(E_q^P I_{gd}^N - E_d^P I_{gq}^N - E_q^N I_{gd}^P + E_d^N I_{gq}^P) \\ Q_0 = 1.5(E_q^P I_{gd}^P - E_d^P I_{gq}^P + E_q^N I_{gd}^N - E_d^N I_{gq}^N) \\ Q_{c2} = 1.5(E_q^P I_{gd}^N - E_d^P I_{gq}^N + E_q^N I_{gd}^P - E_d^N I_{gq}^P) \\ Q_{s2} = 1.5(E_d^P I_{gd}^N - E_q^P I_{gq}^N - E_d^N I_{gd}^P - E_q^N I_{gq}^P) \end{cases} \tag{7.19}$$

由于式（7.19）中的方程不满秩，因此只需选取 4 个功率变量进行控制。因为输入电网的有功功率与直流母线电压有关，所以可选择平均功率 P_0^*、Q_0^*，瞬时有功功率 P_{c2}^* 和 P_{s2}^* 来计算交流指令电流 $I_{gd}^{P^*}$、$I_{gq}^{P^*}$、$I_{gd}^{N^*}$、$I_{gq}^{N^*}$，则可将式（7.19）转换为

$$\begin{bmatrix} P_0 \\ Q_0 \\ P_{c2} \\ P_{s2} \end{bmatrix} = \frac{3}{2} \begin{bmatrix} E_d^P & E_q^P & E_d^N & E_q^N \\ E_q^P & -E_d^P & E_q^N & -E_d^N \\ E_d^N & -E_d^N & -E_q^N & E_d^P \\ E_d^N & E_q^N & E_d^P & E_q^P \end{bmatrix} \begin{bmatrix} I_{gd}^P \\ I_{gq}^P \\ I_{gd}^N \\ I_{gq}^N \end{bmatrix} \tag{7.20}$$

指令电流按下式计算：

$$\begin{bmatrix} I_{gd}^{P^*} \\ I_{gq}^{P^*} \\ I_{gd}^{N^*} \\ I_{gq}^{N^*} \end{bmatrix} = \frac{2}{3} \begin{bmatrix} E_d^P & E_q^P & E_d^N & E_q^N \\ E_q^P & -E_d^P & E_q^N & -E_d^N \\ E_q^N & -E_d^N & -E_q^P & E_d^P \\ E_d^N & E_q^N & E_d^P & E_q^P \end{bmatrix}^{-1} \begin{bmatrix} P_0^* \\ Q_0^* \\ P_{c2}^* \\ P_{s2}^* \end{bmatrix} \tag{7.21}$$

为了抑制直流母线电压中的二次谐波分量，必须控制瞬时有功功率的二次谐波分量 P_{c2}、P_{s2}，即令 $P_{c2}^* = 0$，$P_{s2}^* = 0$。另外，为了使系统运行在单位功率因数，必须控制无功直流分量 Q_0，即令 $Q_0^* = 0$。故有 $P_{c2}^* = P_{s2}^* = Q_0^* = 0$，PI 控制器的输出只有一个非零系数 P_0^*。

将其代入式（7.21）可得到抑制网侧变换器直流电压波动的指令电流

$$\begin{bmatrix} I_{gd}^{P^*} \\ I_{gq}^{P^*} \\ I_{gd}^{N^*} \\ I_{gq}^{N^*} \end{bmatrix} = \frac{2}{3} \begin{bmatrix} E_d^P & E_q^P & E_d^N & E_q^N \\ E_q^P & -E_d^P & E_q^N & -E_d^N \\ E_q^N & -E_d^N & -E_q^P & E_d^P \\ E_d^N & E_q^N & E_d^P & E_q^P \end{bmatrix}^{-1} \begin{bmatrix} P_0^* \\ 0 \\ 0 \\ 0 \end{bmatrix} = \frac{2P_0^*}{3D} \begin{bmatrix} E_d^P \\ E_q^P \\ -E_d^N \\ -E_q^N \end{bmatrix} \tag{7.22}$$

式中，$D = [(E_d^P)^2 + (E_q^P)^2] - [(E_d^N)^2 + (E_q^N)^2] \neq 0$。

由式（7.16）可以看出，网侧变换器正、负序电流的 d、q 轴分量之间存在相互耦合现象，要消除耦合现象，可以在正、负序旋转坐标系使用双电流控制环来实现。同时对于电流给定

$I_{gd}^{P^*}$、$I_{gq}^{P^*}$、$I_{gd}^{N^*}$、$I_{gq}^{N^*}$，可分别采用正、负序前馈控制。正序电流内环的前馈解耦算法为

$$\begin{cases} U_{gd}^{P^*} = E_d^P - \left(K_{IP} + \dfrac{K_{II}}{s} \right)(I_{gd}^{P^*} - I_{gd}^P) + \omega L I_{gq}^P \\ U_{gq}^{P^*} = E_q^P - \left(K_{IP} + \dfrac{K_{II}}{s} \right)(I_{gq}^{P^*} - I_{gq}^P) - \omega L I_{gd}^P \end{cases} \tag{7.23}$$

相应的负序电流内环前馈解耦算法为

$$\begin{cases} U_{gd}^{N^*} = E_d^N - \left(K_{IP} + \dfrac{K_{II}}{s} \right)(I_{gd}^{N^*} - I_{gd}^N) - \omega L I_{gq}^N \\ U_{gq}^{N^*} = E_q^N - \left(K_{IP} + \dfrac{K_{II}}{s} \right)(I_{gq}^{N^*} - I_{gq}^N) + \omega L I_{gd}^N \end{cases} \tag{7.24}$$

电流调节器为 PI 调节器，式中的 K_{IP} 为电流内环 PI 调节器的比例因数，K_{II} 为积分增益。

将式（7.23）和式（7.24）代入式（7.16），可得电流内环闭环传递函数

$$G_{ci}(s) = \frac{i_{gd}^P(s)}{i_{gd}^{P^*}(s)} = \frac{i_{gq}^P(s)}{i_{gq}^{P^*}(s)} = -\frac{K_{IP}s + K_{II}}{Ls^2 + (R + K_{IP})s + K_{II}} \tag{7.25}$$

由式（7.25）可知，电流内环的闭环极点可以通过改变 K_{IP}、K_{II} 来选择，K_{IP}、K_{II} 与电流内环的自然谐振频率 ω_{ni} 及电流内环的阻尼比 ζ_i 的关系为

$$\begin{cases} K_{IP} = 2\zeta_i \omega_{ni} L - R \\ K_{II} = \omega_{ni}^2 L \end{cases} \tag{7.26}$$

根据系统的设计要求，确定 ζ_i 和 ω_{ni} 后，可以很容易地根据式（7.26）来确定电流内环 PI 调节器的参数 K_{IP}、K_{II}。

由于 P_0^* 表示网侧变换器平均有功功率参考值，与直流母线电压有关。当直流电压环采用 PI 调节时，网侧变换器直流电流参考值为

$$I_{DC}^* = \left(K_{UP} + \frac{K_{UI}}{s} \right)(U_{DC}^* - U_{DC}) \tag{7.27}$$

式中，K_{UP}、K_{UI} 分别表示电压外环 PI 调节器的比例因数和积分增益。

由式（7.25）和电压外环控制框图可得电压外环闭环传递函数

$$G_{cv}(s) = \frac{\dfrac{K_{UP}k_g U_{DC}^*}{C}s + \dfrac{K_{UI}k_g U_{DC}^*}{C}}{s^2 + \dfrac{K_{UP}k_g U_{DC}^*}{C}s + \dfrac{K_{UI}k_g U_{DC}^*}{C}} \tag{7.28}$$

式中，$k_g = 1/U_{DC}$。

ω_{nv} 为电压外环自然谐振频率，ζ_u 为电压外环阻尼比，K_{UP}、K_{UI} 与 ζ_u 和 ω_{nu} 的关系为

$$\begin{cases} K_{UP} = \dfrac{2\zeta_u \omega_{nu} C}{k_g U_{DC}^*} = \dfrac{2\zeta_u \omega_{nu} C U_{DC}}{U_{DC}^*} \\ K_{UI} = \dfrac{\omega_{nu}^2 C}{k_g U_{DC}^*} = \dfrac{\omega_{nu}^2 C U_{DC}}{U_{DC}^*} \end{cases} \tag{7.29}$$

根据系统的设计要求，确定 ζ_u 和 ω_{nu} 后，可以很容易地根据式（7.29）确定电压外环 PI 调节器的 K_{UP} 和 K_{UI}。

网侧变换器平均有功功率参考为

$$P_0^* = U_{DC}^* I_{DC}^* \tag{7.30}$$

然后，将式（7.30）代入式（7.22）可得交流电流参考值 I_{gd}^{P*}、I_{gq}^{P*}、I_{gd}^{N*}、I_{gq}^{N*}，进一步可由正、负序双电流调节器得到相应的变换器交流输入电压参考值 U_{gd}^{P*}、U_{gq}^{P*}、U_{gd}^{N*}、U_{gq}^{N*}，最后可以得到变换器交流侧参考电压在三相静止坐标下的空间矢量

$$\boldsymbol{U}^* = (U_{gd}^{P*} + jU_{gq}^{P*})e^{j\omega t} + (U_{gd}^{N*} + jU_{gq}^{N*})e^{-j\omega t} \tag{7.31}$$

由交流侧参考电压空间矢量 $\boldsymbol{U}^*$ 可以得到控制变换器的 SVPWM 开关信号，由该信号对变换器进行矢量调制，使网侧变换器运行在单位功率因数下，并且使直流电压输出稳定。

图 7.7 所示为使用双电流环控制的直驱风力发电系统网侧变换器控制框图，可以用它来抑制直流侧电压二次谐波分量。这个控制框图也是直驱风力发电系统中网侧变换器在正、负序旋转坐标系中的双电流环控制框图。在利用锁相环将不平衡电压分解成正、负序分量后，利用前文介绍的正、负序参考坐标系的双电流控制器分别对正序电流和负序电流进行单独控制。图 7.7 中的直流电压控制器使用一个比例积分（PI）调节器去消除直流参考电压 $\boldsymbol{U}_{DC}^*$ 和实际直流电压 $\boldsymbol{U}_{DC}$ 的偏差。

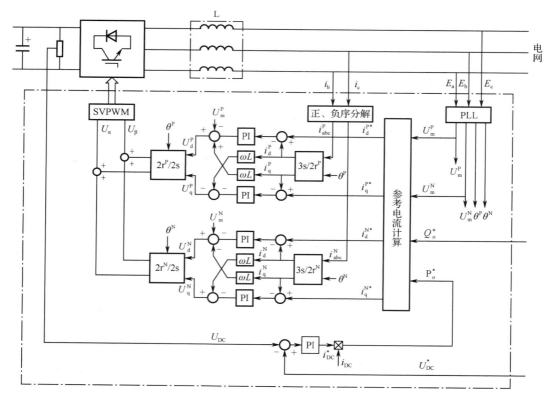

图 7.7　使用双电流环控制的直驱风力发电系统网侧变换器控制框图

7.3　不对称电网故障时直驱风力发电系统仿真与实验研究

为了比较三种电流控制器在电网电压不平衡时对系统性能的影响，本节利用图 3.27 所示的控制系统，运用 MATLAB/Simulink 工具箱进行了模拟仿真。

网侧变换器系统仿真参数与第 3 章中所用参数相同。在网侧三相电压不平衡条件下，当网侧变换器采用正序参考坐标系和负序电压分量前馈控制（VCCF）控制策略时，仿真结果如图 7.8 所示，由于使用正序参考坐标系的电流控制器与使用正序参考坐标系和负序电压分量前馈控制的电流控制器得到的波形相似，所以在这里没有画出。由图 7.8 可以看出，由于没有考虑负序电流的影响，没有对负序电流采取抑制措施，因此在网侧电流波形中产生了高次谐波分量，同时导致了有功功率的波动，继而在直流侧电压中产生了二次谐波分量。

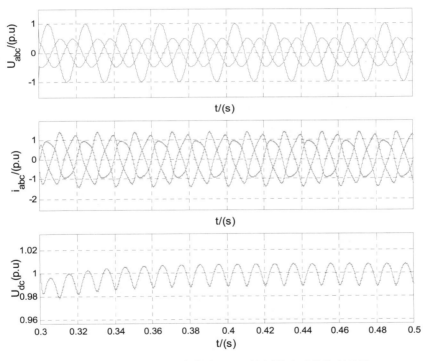

图 7.8　电网不平衡时采用 VCCF 控制策略时的仿真结果

图 7.9 所示为在正、负序旋转坐标系中采用双电流环控制（DVCC）的仿真结果，可以看出，在利用双二阶通用积分器-正交信号发生器锁相法，精确提取出电网电压中的正序与负序基波分量的前提下，因为 DVCC 同时考虑了正序分量和负序分量的影响，通过在正序旋转坐标系中调节正序电流和在负序旋转坐标系中调节负序电流，有效抑制了三相不平衡电压中的负序电流对直流母线电压稳定性的影响，因而能保持直流母线电压的恒定。

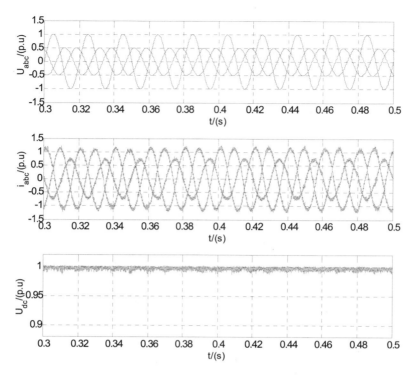

图 7.9　电网不平衡时采用 DVCC 控制策略时的仿真结果

为了验证前述新型控制策略在不对称电网故障时的控制能力，运用 MATLAB/Simulink 工具箱，对直驱风力发电机组在电网发生不对称故障时的运行情况进行了仿真。仿真模型如图 7.10 所示，假定在电网连接点（PCC）处发生了两相短路接地故障，采用 MATLAB/Simulink 工具箱中的 Three-Phase Fault 模块对两相短路故障进行模拟。拟采用在直流环节增加斩波器来释放多余能量的保护控制策略，设直流母线电压的最大值 $U_{\text{DC\_max}}$ 为 1.1pu，耗能电阻为 1Ω。

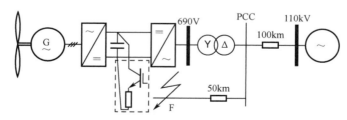

图 7.10　电网不对称故障仿真模型

图 7.11 所示为 0.04s 时在 F 点发生两相短路故障，网侧相电压、相电流和直流母线电压的仿真波形。从图 7.11 中可以看出，电网发生两相短路故障时，网侧电压出现了不平衡跌落，因此出现了不对称分量，并伴有相位突变，但通过采用上述控制策略，电压跌落和相位突变并未对直流侧母线电压造成影响，故障持续 100ms 后，直流母线电压恢复稳定，总仿真时间为 200ms。仿真结果表明，在采用新型控制策略后，系统响应速度加快了，提

高了系统的动态性能。同时，在直流侧增加了斩波器和耗能量回路，对电网故障引起的直流侧瞬时过电压进行了控制，将直流侧电压控制在 1.1pu 范围内，且在故障清除后快速恢复到了额定值。

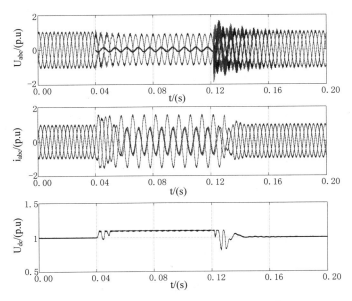

图 7.11　电网发生两相短路故障时的仿真波形

为了用实验验证直驱风力发电系统所用新型控制策略在电网故障穿越方面的能力，建立了直驱风力发电系统的模拟实验系统，在此基础上对直驱风力发电系统在电网故障下的运行与控制进行了实验研究。模拟实验系统的控制框图如图 7.12 所示。实验采用的硬件与第 3 章中介绍的实验系统基本相同，只是在控制策略上略有不同。

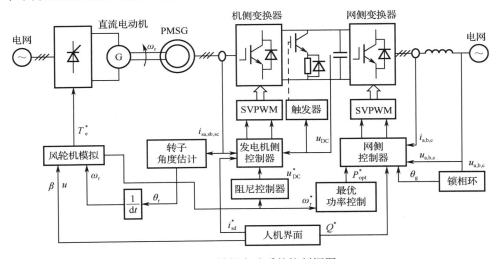

图 7.12　模拟实验系统控制框图

由于采用转子位置传感器增加了系统的成本，降低了运行的可靠性，故采用位置与转速估算；在该实验中采用双二阶通用积分器-正交信号发生器锁相法对故障电网电压的正、负序基波分量和相位角进行检测，同时使用正、负序参考坐标系的双电流控制器，控制框图如图 7.7 所示。

为了验证系统的抗干扰性能，通过在负载端突加负载检测直流母线电压是否具有稳定作用进行了研究。在电网正常的情况下，在直流母线上突然增加 230V 的反电动势，获得的直流母线电压波形如图 7.13 所示。可以看出，采用该控制系统能对直流母线电压波形进行良好的调节。

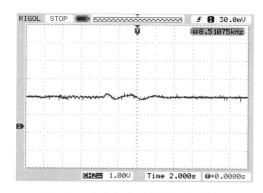

图 7.13　负载突变时的母线电压波形

为了验证系统在同时受到不平衡电压和畸变电压影响的电网故障情况下，直流母线是否具有稳定电压的作用，进行了相关实验，用一个连接到变压器的三相可编程交流电源来模拟故障电网电压。图 7.14 所示为在电网中加入 30%负序分量和少量谐波的畸变电压条件下的三相电流和直流母线电压波形，可以看出，在不对称电网电压的作用下，网侧电流也出现了不对称，但直流母线电压能保持稳定，且调节性能良好。

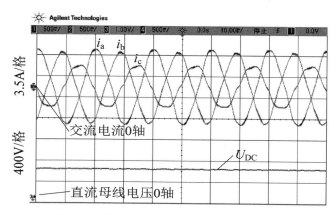

图 7.14　电压不平衡和畸变时的三相电流和直流母线电压波形

通过前面的分析可知，当电网出现电压跌落故障时，只要直流侧平衡了直流母线电压，就能确保发电机发出的功率全部传递到电网，实现电网故障穿越。实验结果表明，在电网电压不平衡或畸变时，通过使用新型控制策略与斩波器电路结合，精确地检测电网电压基波的正、负序分量，以及使用正、负序旋转坐标系双电流环控制策略，就可以使直流母线电压保持稳定，有效实现直驱风力发电系统在电网发生不对称故障时的运行与控制。

7.4　本章小结

本章首先给出了电网故障时直驱风力发电系统的控制框图和控制策略，接着讨论了网侧变换器中的三种电流控制器，讨论了直流母线电压恒定的机理，针对两种不同的电流控制器在不平衡电压条件的运行情况进行了仿真；同时针对新型控制策略，结合第 6 章所研究的电网同步化方法对直驱风力发电系统的低电压穿越能力进行了仿真。

本章最后利用直驱风力发电系统的模拟实验系统对新型控制策略在系统抗干扰和电网故障穿越方面的能力进行了研究。研究结果表明，在不对称故障引起电网电压不平衡时，通过精确检测电网电压基波的正、负序分量，以及使用正、负序旋转坐标系双电流环控制，可以抑制交流侧负序电流的影响和抑制直流侧电压波动，确保直驱风力发电系统在不对称电网故障下的稳定运行。

第 8 章 双馈风力发电系统的风轮控制策略

风力发电系统的控制功能主要体现在：①控制来自风轮机转换的功率，使系统工作在最佳运行点；②在高风速时限制机组的输出功率，以避免整个系统受到损害；③控制风轮机组和电网交换的无功功率。本章主要讨论双馈风力发电系统的风轮控制策略。

8.1 风力发电系统总体控制方案

图 8.1 所示为双馈风力发电系统总体控制结构图，系统包括不同时间常数的气动子系统、机械子系统和电气子系统，电气动态响应通常比机械响应过程快很多。对于变速风轮机组，由于电力电子装置的存在，时间常数的差值较大，因此整个控制系统很复杂。

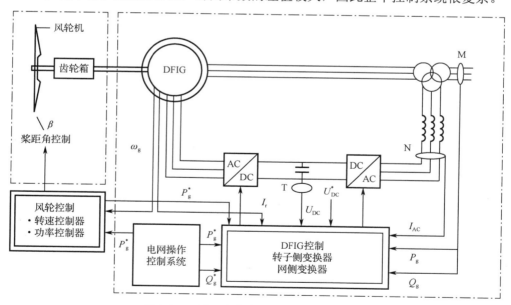

图 8.1 双馈风力发电系统总体控制结构图

由图 8.1 可以看出，双馈风力发电控制系统是一个多层次结构体系，包括 DFIG 变换器控制和风轮控制。风轮控制的作用是监视风轮的桨距角和向 DFIG 变换器控制器提供有功功率参考值，一方面直接给桨距角调节器提供参考桨距角 β^*，另一方面给 DFIG 变换器控制提供电网连接点 M 处的功率参考值 P_g^*。根据第 4 章中的分析可知，DFIG 变换器控制的目的是单独控制风力发电机组的有功功率和无功功率,包括以下两个控制器。

（1）转子侧变换器（RSC）控制器:利用矢量控制策略分别控制流向电网的有功功率和无功功率。

（2）网侧变换器（GSC）控制器:控制直流环电压 U_{DC},确保网侧变换器运行在单位功率因数下。因此,网侧变换器和电网之间没有无功功率交换,从 DFIG 到电网的无功功率传输通过定子端实现。

风轮的控制使用两个控制器——转速控制器和功率极限控制器来实现,其目的是控制风轮在低风速时使系统运行在最佳状态以输出最大功率,在高风速时限制功率输出,以及控制发电机和电网之间交换的无功功率。风轮桨距角控制与 DFIG 变换器控制相比,动态响应过程较慢。

（1）转速控制器:在高风速下控制发电机转速,是为了不使发电机转速跟随风速变化太快,通过改变桨距角来控制发电机转速,限制发电机的输出功率,使其保持在额定值附近,在低风速下桨距角保持最佳值不变。

（2）最大功率跟踪控制器:为变换器控制系统中的功率控制环提供有功功率参考值,发电机输出的有功功率通过转子侧变换器控制实现。根据风轮转子的气动数据和对应于最大气动效率的点得到功率-转速特性曲线,如图 8.2 所示,有功功率参考值是根据滤波后的风速由预定的功率-转速特性查表得到。

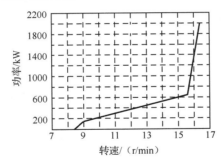

图 8.2　DFIG 风轮最大功率跟踪（MPPT）特性曲线

转速控制器和最大功率跟踪控制器在功率限制策略中同时发挥作用,在功率优化策略中只有功率跟踪控制器发挥作用。两个控制器之间存在交叉耦合,即小于额定功率时,风轮机转子通常随风速变化而保持最佳叶尖速比不变,桨距角维持不变;风速很低时,为了限制过电压,将风轮机的转速固定在最大允许转差。当机组输出功率达到额定值时,桨距角控制器限制功率输出。在两个变换器的电流控制内环常使用 PI 控制器。

此控制方法的显著特征是:允许风轮在很宽的风速范围内以最大功率因数运行,微小的发电机转速变化不会导致大的功率波动,以及在功率优化模式和功率限制模式之间切换时不会引起过大的瞬态冲击。为了补偿非线性气动特性,对桨距角采用增益调整控制。

对于变速风轮,通常采用以下两种控制策略,如图 8.3 所示。

（1）控制策略 1:利用功率变换器控制发电机转速,利用桨距角控制器限制功率,如

图 8.3（a）所示。在此控制策略中，若功率没有达到极限（风速小于额定风速），则风轮控制系统保持桨距角在最佳值，产生最佳的有功功率参考值 P_g^* 并提供给 DFIG 变换器控制器，通过 DFIG 变换器控制不断地调节发电机转速，使其达到风轮控制器提供的功率参考值。

（2）控制策略 2：利用功率变换器控制功率，桨距角控制系统阻止发电机过速，即在高风速情况下，利用桨距角控制将发电机转速限制在其额定值内，以对功率进行快速控制，如图 8.3（b）所示。

DFIG 控制器需要以下三个输入参考值。

（1）变换器输送到电网的有功功率参考值 P_g^*（在电网测量点 M）：由风轮控制器提供。

（2）变换器无功功率参考值 Q_g^*（在电网测量点 M）：由电网操作人员根据电网调度控制另外提供。例如，在弱电网或电网故障情况下，DFIG 还需要发出无功功率以支持电网电压恒定。

（3）直流电压参考 U_{DC}^*：与变换器的容量大小、定子转子电压比和功率变换器调制因子密切相关。

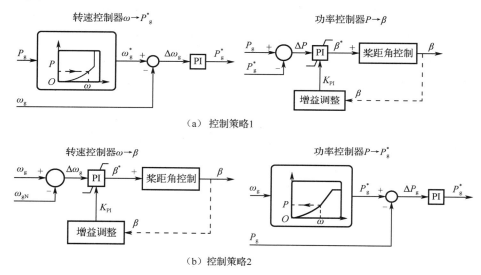

（a）控制策略1

（b）控制策略2

图 8.3 变速风轮的两种控制策略

在两种控制策略下，风轮控制分别产生以下两种输出信号。

（1）变换器输出有功功率参考值 P_g^*。例如，在控制策略 1 中，当风速小于额定风速时，风轮控制通过调节发电机转速给变换器提供有功功率参考值 P_g^*，以使风轮捕获最大功率。

（2）桨距角调节系统作为控制器的一部分，将桨距角 β 信号直接传递给风轮叶片。

有功功率参考信号 P_g^* 的值取决于所使用的控制策略，通常等于风轮机组的额定功率。与 Q_g^* 相似，有功功率参考值也可以由电网操作人员根据特殊情况确定，通常是一个小于风轮机组额定功率的值。

8.2 风轮控制策略

8.2.1 控制策略 1

在该控制策略中，使用功率变换器来控制发电机转速，桨距角控制系统限制功率。此控制策略最大的特点是允许风轮在较宽的风速范围内以最佳功率因数运行。再者，由于发电机转速变化小，在功率优化模式和功率限制模式的过渡中，不会引起功率的大幅波动。

控制策略 1 基本上基于两条静态最优曲线，①风轮机发出的机械功率与风速的关系曲线，如图 8.4（a）所示；②发电机输出电功率与发电机转速曲线，如图 8.4（b）所示。这些特性是根据预先测得的风轮的气动数据确定的。

每个风轮都有实际的运行条件，与可允许的噪声、机械负载、发电机的容量和效率，以及与变换器的容量和大小有关。因此，必须将风轮旋转速度限制在由最小值和额定值所给定的范围 $[\omega_{wmin}, \omega_{wN}]$ 内。图 8.4（b）给出了发电机转速的运行范围 $[n_{min}, n_{gdyn,max}]$。发电机转速可以表示如下：

$$\omega_g = \eta_{gear}\omega_w \qquad （单位：rad/s） \qquad (8.1)$$

$$n = \frac{60}{2\pi}\omega = \frac{60}{2\pi}\eta_{gear}\omega_w \qquad （单位：r/min） \qquad (8.2)$$

式中，η_{gear} 为齿轮箱转速比；ω_w 为风轮转子角速度。运行转速范围 $[n_{gmin}, n_{gdyn,max}]$ 包括发电机静态转速范围和 DFIG 控制允许的动态过速范围，如图 8.4 所示。

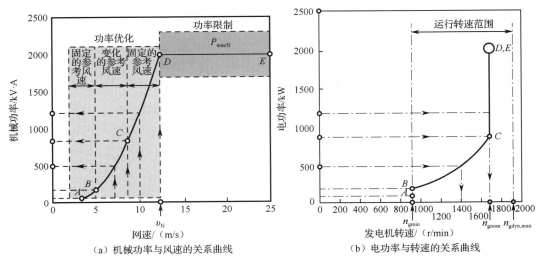

（a）机械功率与风速的关系曲线　　　（b）电功率与转速的关系曲线

图 8.4 控制策略 1 中使用的两条静态最优曲线

变速风轮的控制策略如图 8.4 所示。

（1）功率优化策略：在额定风速 v_N 下，采用功率优化策略以捕获更多的能量，如图 8.4（a）和图 8.4（b）中的 ABCD 段。

（2）功率极限策略：在额定风速 v_N 下，跟踪风轮的额定功率参考 P_g^*，如图 8.4（a）和图 8.4（b）中的 DE 段。

图 8.4 中包含了变速风轮控制的以下四种控制算法。

（1）算法 1：以固定的参考速度运行在转速下限（功率优化策略区域 AB 段）。

当风速 v 太小时，风轮转速小于下限，即 $\omega_w < \omega_{wmin}$，发电机转速 $n < n_{min}$ 时，将风轮机的参考转速设置为其最小值，即 $\omega_w^* = \omega_{wmin}$，叶尖速比为

$$\lambda = \frac{\omega_{wmin} r}{v} \tag{8.3}$$

对于每个确定的叶尖速比 λ，都可以在 $C_p(\lambda, \beta)$ 表中查得最佳功率因数 $C_{p\text{-opt}}$ 和相应的桨距角 β。因此，可以通过保持风轮转速在下限 ω_{wmin} 时获得最佳功率，即

$$P_{max} = \frac{1}{2} \rho \pi r^5 \frac{C_{p\text{-opt}}}{\lambda^3} \omega_{wmin}^3 \tag{8.4}$$

（2）算法 2：以变化的参考转速运行在转速下限（功率优化策略区域 BC 段）。

当风轮转速高于转速下限而小于额定转速（$\omega_{wmin} \leqslant \omega_w \leqslant \omega_{wN}$）时，发电机转速 $n_{min} \leqslant n \leqslant n_{max}$，通过跟踪最大功率因数曲线最大限度地捕获能量。最大功率因数 $C_{p\text{-opt}}$ 对应一个桨距角 β 和一个叶尖速比 λ_{opt}。桨距角固定在最佳值，在不同的风速范围内通过将发电机转子转速调节到其参考值而将叶尖速比调整到最佳值 λ_{opt}。风轮机转速参考值为

$$\omega_w^* = \frac{\lambda_{opt} v}{r} \tag{8.5}$$

因此，最大机械功率为

$$P_{max} = \frac{1}{2} \rho \pi r^5 \frac{C_{p\text{-opt}}}{\lambda_{opt}^3} \omega_w^{*\,3} \tag{8.6}$$

（3）算法 3：以固定的参考转速运行在转速上限（功率优化策略区域 CD 段）。

将风轮转速限制在额定值 ω_{wN}，且风轮机发出的功率小于额定值（$P_{mec} < P_{mecN}$）。类似于算法 1，不同的是，叶尖速比、最大功率因数 $C_{p\text{-opt}}$、最佳桨距角 β 和最大功率 P_{max} 由 ω_{wN} 决定，而不是由 ω_{wmin} 决定的。在这种情况下，最大的功率转换效率通过使风轮运行在额定转速 ω_{wN} 来获得。

（4）算法 4：满载运行（功率限制策略区域 DE 段）。

风速高于额定风速 ω_{wN} 时，输出功率参考值为额定的机械功率 P_{mecN}，转子参考转速是风轮转子额定转速 ω_{wN}。因此，对于风速 v，功率因数为

$$C_p(\lambda) = \frac{2 P_{mecN} \lambda^3}{\rho \pi r^5 \omega_{wN}^3} \tag{8.7}$$

一旦功率因数 $C_p(\lambda)$ 被计算出来，叶尖速比 $\lambda = \omega_{wN} r / v$ 即已知，桨距角 β 就可以由 $C_p(\lambda, \beta)$ 的插值法求得。

根据 2WM 变速风轮所采用的控制策略，静态桨距角和转子转速与风速的关系曲线如图 8.5 所示。与图 8.4 类似，图 8.5 也标出了风轮转速运行范围（AB 段、BC 段、CD 段、

DE 段)。在功率优化策略中，对于给定的风轮，桨距角都接近零，在高风速时，为了限制功率，桨距角的非线性增强。此时，转子转速的静态参考值在 *BC* 段内变化，其他情况下保持不变。当 DFIG 因阵风而过速运行时，转子转速可以在 *CDE* 段内动态地变化。因此，在两种控制策略（功率优化和功率限制）中都允许改变转子转速 ω_w，但是转子转速的改变主要用于额定风速下的功率优化策略。根据风速的变化改变桨距角的功能主要用于风速在额定风速以上时，防止功率超过其额定功率。

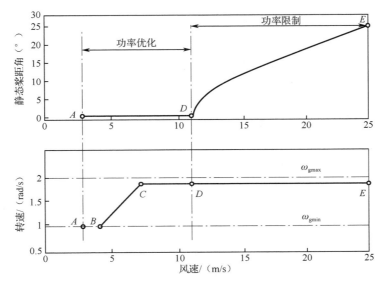

图 8.5　静态桨距角和转子转速与风速的关系曲线

8.2.2　控制策略 2

在该控制策略中，功率变换器控制功率，桨距角控制系统阻止发电机过速。两个控制器的控制策略如下。

（1）转速控制器：在高风速下，控制发电机转速，即通过改变桨距角阻止发电机过速；在低风速下，使桨距角保持为最佳值。

（2）功率控制器：为变换器控制系统中的有功功率控制环产生有功功率参考值，再通过 DFIG 控制系统中的转子侧变换器来实现。功率参考值基于过滤的发电机转速，根据预定的 *P-ω* 特性曲线查表确定，如图 8.2 所示。此特性曲线的上端是平的，所以超过额定转速以后就不能提供参考值了。

图 8.6 详细说明了转速控制器、最大功率跟踪控制器和转子侧变换器的工作原理。在这些控制器中，除最大功率跟踪控制器外，基本上都采用 PI 控制器。转速控制器和最大功率跟踪控制器的输入都是过滤后的发电机测量转速，即测量到发电机转速后，使用一个低通滤波器将其进行过滤，以避免输电系统中的自由频率被控制系统放大。

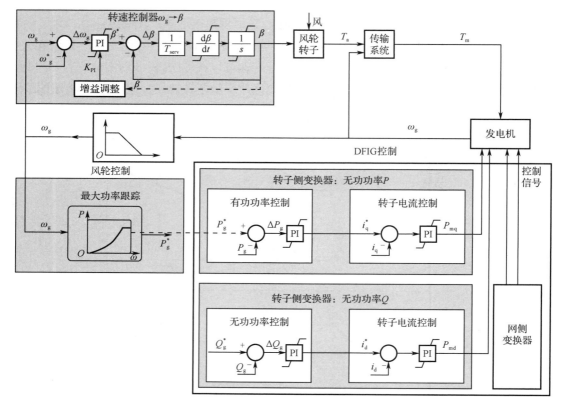

图 8.6　DFIG 风轮机控制系统框图

8.3　控制器的设计

如前所述，风轮控制策略中采用了两个控制器：转速控制器和功率控制器，它们交叉耦合。根据前述的控制策略可以对这两个控制器分别进行设计。

8.3.1　转速控制器 1 的设计

转速控制器包括以下三个功能。

（1）在风速很低时，以不变的参考转速极限运行在功率优化区域 AB 段，通过保持发电机转速为下限 $n_{\min}$（算法 1）以获得最佳功率。

（2）在功率优化区域 BC 段，以变化的参考转速运行。在不同的风速范围内，通过将发电机转速调节为参考值 ω_g^*（算法 2）来保持最佳叶尖速比 λ_{opt}。

（3）控制发电机转速为额定值，允许发电机转速在预定范围内动态变化，如图 8.4（b）所示。对于超过额定风速 v_{N}（功率限制）时，转速控制器阻止转子/发电机转速变化过大。

图 8.7 所示为风轮控制中的转速控制器。其输入为发电机参考转速 ω_g^* 和测量的发电机转速 ω_g 的差值。ω_g^* 通过预定的静态特性［见图 8.4（b）］获得。在相应的发电机转速下测量到的有功功率 P_g 是最佳的。将误差 $\Delta\omega_g=\omega_g^*-\omega_g$ 送入 PI 控制器，然后送入功率梯度限制

模块。风轮机转矩和发电机转矩的不平衡将导致产生加速转矩，直到达到预期的转速。转速控制器的输出送入 DFIG 变换器控制器中，作为并网时的功率参考值 P_g^*。值得注意的是，转速控制器的参数根据风轮运行模式（功率优化或功率限制）变化而改变。

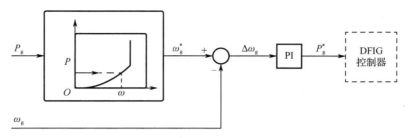

图 8.7　风轮控制中的转速控制器

8.3.2　功率控制器 1 的设计

功率控制器的功能是在功率限制策略中增加或减小桨距角，将发出的功率限定为额定功率。图 8.8 所示为功率控制器。根据在电网的 M 点处测量到的功率得到功率误差信号 $\Delta P = P_g - P_g^*$，送入 PI 控制器。PI 控制器产生桨距角参考值 β^*，与实际桨距角 β 进行比较，其误差 $\Delta \beta$ 通过伺服机构进行校正。为了在桨距角控制系统中得到实际的响应，伺服机构模型给定了伺服时间常数 T_{serv}、桨距角和它的梯度的极限。功率限制控制器的输出是叶片的桨距角。

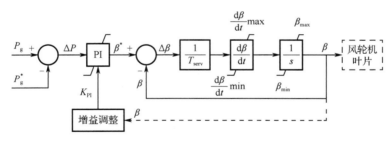

图 8.8　功率控制器

在理想情况下，将控制参数设定为风速的函数，但精确测量风速比较困难。在控制策略 1 中，转速控制器和功率控制器都不需要测量风速，只需要知道发电机转速和发电机有功功率。假定风轮系统有良好的控制性能，可以用桨距角和有功功率代替风速作为增益调整参数。因此，增益调整可根据桨距角的值实现，改变桨距角的值可保持气动转矩的恒定。

桨距角与高风速呈非线性关系，如图 8.5 所示，必须采用非线性控制（增益调整），如图 8.8 所示，因为在高风速时采用线性控制将导致系统不稳定。

功率控制器的总增益 K_s 可表示为 PI 控制器的比例增益 K_{PI} 乘以系统的气动灵敏度 $\mathrm{d}P/\mathrm{d}\beta$，即

$$K_s = K_{PI} \frac{\mathrm{d}P}{\mathrm{d}\beta} \tag{8.8}$$

dP/dβ 取决于运行条件（功率设定值、风速或桨距角）。因此，为了维持 K_s 不变，改变 PI 控制器的比例增益 K_{PI}，以抵消气动灵敏度 dP/dβ 的变化，而 K_{PI} 必须结合功率随桨距角变化的情况。对于 2WM 风轮，气动灵敏度与桨距角的关系如图 8.9（a）所示，随着桨距角增加，变化可达 10 倍。

气动灵敏度与桨距角基本呈线性关系，可以用参数为 a 和 b 的线性关系来估算，即

$$\frac{\mathrm{d}P}{\mathrm{d}\beta} = a\beta + b \tag{8.9}$$

由此可以计算气动灵敏度的倒数

$$\left[\frac{\mathrm{d}P}{\mathrm{d}\beta}\right]^{-1} = -\frac{1}{a\beta + b} \tag{8.10}$$

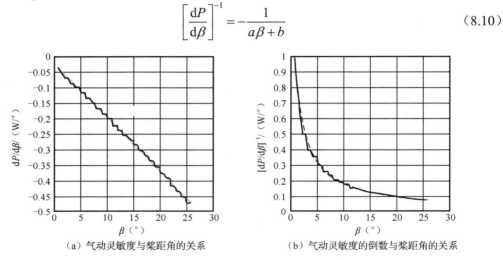

（a）气动灵敏度与桨距角的关系　　　　（b）气动灵敏度的倒数与桨距角的关系

图 8.9　风轮气动灵敏度与桨距角的关系

式（8.10）中，负号表示补偿气动灵敏度负的斜率，以确保系统总增益的符号不变。气动灵敏度的倒数 $[\mathrm{d}P/\mathrm{d}\beta]^{-1}$ 与桨距角的关系如图 8.9（b）所示，呈非线性变化，可用来抵消上面所提到的控制器变化的增益，即

$$K_{PI} = K_b\left[\frac{\mathrm{d}P}{\mathrm{d}\beta}\right]^{-1} \tag{8.11}$$

式中，K_b 是 PI 控制器的比例增益，其值不变，对任意风速都适合。注意：系统越灵敏（桨距角/风速）越大，控制器的增益应该越小，反过来也是这样。引入增益调节可以使 PI 控制器在较大风速范围内实现充分的控制。

8.3.3　交叉耦合控制

在功率限制策略中，转速控制环和功率控制环存在交叉耦合，二者关系如下所述。

当风速小于额定风速 v_N 时，桨距角保持为最佳桨距角 β_{opt} 不变。发电机转速通过功率变换器控制而改变，以便从风中获得最大功率。发生阵风时，由于气动转矩增加，风轮机转子转速 ω_w 和发电机转速 ω_g 都会增加。这时，转速控制环通过给 DFIG 输出一个功率参

考值来响应，见图 8.7。若风速进一步增加，且超过额定风速，则功率控制器（见图 8.8）通过增加桨距角阻止功率增加过大。同时，转速控制环控制转子转速为额定值，允许转子转速在预定的转速范围内动态变化。因此，气动功率的变化随转速的变化而被吸收，而不是被转矩变化吸收，风速变化对驱动链负荷的影响减小了。

8.3.4 转速控制器 2 的设计

将过滤后的发电机测量转速和额定发电机转速之间的误差送到 PI 转速控制器， PI 控制器的输出作为参考桨距角信号 β^* 送给桨距角控制系统。在伺服机构模型中应给出伺服时间常数 T_{serv} 和桨距角（$0\sim30°$）及其梯度（$\pm10°/s$）的极限。参考桨距角 β^* 与实际桨距角 β 进行比较，误差通过伺服机构进行校正。

在控制器设计中还应考虑调节器的疲劳效应。桨距角控制系统中使用电动机进行驱动，使风轮机桨叶绕其径轴转动。如果连续地调节，过多的调节动作将造成过量的热负荷，电动机会温度升高，进而损坏。同样，控制器输出过频繁的调节命令也会造成调节器损坏，因此调节器的最高调节速率必须受到限制。变桨距角速率一般限制在 $\pm10°/s$ 范围内。为了补偿现有的非线性气动特性，需要对桨距角的增益进行调整。

假定系统的动态特性可用一个两阶系统特性近似，PI 转速控制器的参数设计可根据以下二阶系统的瞬态响应来分析：

$$\frac{K}{Is^2 + D_g s + K} = \frac{\omega_z^2}{s^2 + 2\xi\omega_z s + \omega_z^2} \tag{8.12}$$

式中，I、K 和 D_g 分别表示系统的转动惯量、刚度和阻尼系数。因此，自然频率 ω_z 和阻尼率 ξ 可以表示为

$$\omega_z = \sqrt{\frac{K}{I}}, \quad \xi = \frac{D_g}{2I\omega_z} = \frac{D_g}{2K}\omega_z \tag{8.13}$$

PI 控制器参数化 1 为

$$y = \left(K_P + \frac{K_I}{s}\right)v \tag{8.14}$$

其中，积分增益 K_I 与系统的刚度系数 K 呈正比，而比例增益 K_P 与系统的阻尼系数 $D_g=2\xi K/\omega_z$ 呈正比；v 是风速。注意：当使用此参数化时，两个控制参数都包含增益调整，即它们随气动灵敏度的倒数变化。

PI 控制器参数化 2 为

$$y = K_P\left(1 + \frac{1}{sT_I}\right)v \tag{8.15}$$

其中，积分时间 T_I 和比例增益 K_P 可分别表示为

$$T_I = \frac{K_P}{K_I} = \frac{2\xi}{\omega_z} \tag{8.16}$$

$$K_{\mathrm{P}} \approx \frac{2\xi}{\omega_z} \frac{K\omega_z}{\eta_{\mathrm{gear}} \frac{30}{\pi}} \left[-\frac{\mathrm{d}P}{\mathrm{d}\beta} \right]^{-1} \tag{8.17}$$

由式（8.17）可知，比例增益 K_{P} 与气动灵敏度的倒数呈正比，而积分时间可以直接根据设计参数（阻尼率 ξ 和自然频率 ω_z）确定。

作为控制器中的设计参数，阻尼率 $\xi=0.66$，自然频率 ω_z 约为 0.1Hz（ω_z=0.6）。PI 控制器的比例增益 K_{b} 可以表示为

$$K_{\mathrm{b}} = \frac{2\xi}{\omega_z} \frac{K\omega_z}{\eta_{\mathrm{gear}} \frac{30}{\pi}} \tag{8.18}$$

根据设计数据（ξ、ω_z），PI 转速控制（SC）的参数为 $K_{\mathrm{P}}^{\mathrm{SC}}=850$（通常）和 $T_{\mathrm{I}}^{\mathrm{SC}}=2.2$。

8.3.5 功率控制器 2 的设计

转子侧变换器中的 PI 控制器的参数如下：对于功率控制器（PC），$K_{\mathrm{P}}^{\mathrm{PC}}=0.1$（通常）和 $T_{\mathrm{I}}^{\mathrm{PC}}=0.1$；对于电流控制器（CC），$K_{\mathrm{P}}^{\mathrm{CC}}=1$（通常）和 $T_{\mathrm{I}}^{\mathrm{CC}}=0.01$。

8.4 本章小结

本章阐述了双馈风力发电系统中风轮机组的两种控制策略，并对风轮控制中的转速控制器和功率控制器进行了设计。

第9章　风力发电机组的故障容错技术

随着变速恒频风力发电机组容量的快速提高，发电机组与电网之间的相互影响越来越大，直接影响到所并入电网的运行稳定性和电能质量。从电网的安全角度考虑，要求风力发电机组应能在机组故障和电网故障时持续运行而不退出电网，而且从可靠性和运行效率、维护成本等方面考虑，对风力发电机组的故障诊断和故障容错能力都提出了很高的要求，而故障诊断是故障容错的前提。

9.1　故障诊断概述

9.1.1　故障诊断的概念

（1）故障：机械设备在运行过程中，丧失或减少其规定的功能及不能继续运行的现象。故障包含两层含义：一是机械系统偏离正常功能，指通过参数调节或修复零部件可恢复正常功能；二是功能失效，指系统连续偏离正常功能，且程度不断加剧，使机械设备不能保证具有基本功能。

（2）故障诊断：利用各种检查和测试方法，发现系统和设备是否存在故障的过程称为故障检测；进一步确定故障所在大致部位的过程称为故障定位。把故障定位到实施修理时的可更换产品层次（单位）的过程称为故障隔离。故障诊断就是故障检测和故障隔离的过程。

9.1.2　故障诊断的由来

系统故障技术（FD）始于机械设备，其全名是状态监测与故障诊断，包括两方面的内容：一是对设备的运行状态进行监测；二是在发现异常情况后对设备的故障进行分析、诊断。美国是最早开展故障诊断技术研究的国家，始于1961年开始的阿波罗计划。因设备故障造成的事故，导致1967年在美国宇航局倡导下，由美国海军研究室主持成立了美国机械故障预防小组，并积极从事技术诊断的开发。目前美国在航空、航天、军事、核能等尖端领域仍处于世界领先地位。英国在20世纪60～70年代，以Collacott为首的英国机器保健和状态监测协会最先开始研究故障诊断技术，在摩擦磨损、汽车及飞机发电机监测和诊断方面处于领先地位。日本自1971年开始研究故障诊断技术，1976年达到实用化水平，在钢铁、化工和铁路等领域处于领先地位。我国1979年才初步接触设备故障技术，目前在化工、冶金、电力等领域应用得较好。

9.1.3　故障诊断的分类

故障诊断的分类可以按故障发生的部位和发生原因及表现形式来分。

1. 按发生部位分类

（1）元部件故障：是指被控制对象中的某些元部件，甚至子系统发生异常，使得整个系统不能正常完成既定的功能。

（2）传感器故障：主要包括失效故障、偏差故障、漂移故障和精度下降四类。其中，失效故障是指传感器测量的突然失灵，测量值为某一常数；偏差故障主要是指传感器的测量值与真实值相差某一恒定常数；漂移故障是指传感器测量值与真实值的差随时间的变化而变化；精度下降是指传感器的测量能力变差，精度变低，精度下降时，测量的平均值没有发生变化，但测量值的方差发生了变化。偏差故障和漂移故障都是不容易发现的故障，会引起一系列无法预估的问题，使控制系统长期不能正常发挥作用。

（3）执行器故障：由于智能一体化执行器工作面临环境的多样化、恶劣化，没有及时检修维护，导致执行器发生故障的可能性增大。在控制过程中常用的执行器有电动和气动两类。

2. 按发生原因分类

故障可分为人为故障、自然故障。

3. 按表现形式分类

故障可分为功能故障、潜在故障。潜在故障是指对运行中的设备如不采取预防性维修和调整措施，继续使用到某个时刻会发生的故障。

9.1.4　故障诊断的任务

故障诊断的主要任务有故障检测、故障类型判断、故障定位及故障恢复等。其中，故障检测是指与系统建立连接后，周期性地向下位机发送检测信号，通过接收的响应数据帧，判断系统是否产生故障；故障类型判断是指在检测出故障之后，通过分析原因，判断故障的类型；故障定位是在前两步的基础之上，细分故障种类，诊断出具体故障部位和故障原因，为故障恢复做准备；故障恢复是整个故障诊断过程中最后一个环节，也是最重要的环节，需要根据故障原因，采取相应措施，对系统进行恢复。

9.1.5　评价故障诊断的指标

（1）故障检测的及时性：是指系统在发生故障后，在最短时间内检测到故障的能力。

（2）早期检测的灵敏度：是指对微小故障信号的检测能力，能检测到的故障信号越微小，说明早期检测的灵敏度越高。

（3）故障的误报率和漏报率：误报指系统没有出现故障却被错误检测出发生故障；漏报是指系统发生故障却没有被检测出来。

（4）故障分离能力：是指对不同故障的区别能力。故障分离能力越强说明对故障的定位越准确。

（5）故障辨识能力：是指辨识故障大小和时变特性的能力。故障辨识能力越高说明故障辨识能力越强。

（6）健壮性：是指在存在噪声、干扰等的情况下完成故障诊断任务，同时保持低误报率和漏报率的能力。

（7）自适应能力：是指对于变化的被测对象具有自适应能力，且能够充分利用变化产生的新信息来改善自身。

在实际应用中，以上指标需要根据实际条件来分析判断哪些是主要的，哪些是次要的，然后对诊断方法进行分析，经过适当的取舍后得出最终的诊断方案。

9.1.6　故障诊断的发展历史

1．原始阶段

19 世纪末至 20 世纪初是故障诊断的萌芽阶段，各领域专家依靠感官获取设备的状态信息，并凭借其经验做出直接判断。这种方法简便易行，对于一些简单设备的故障诊断，经济实用。

2．基于材料寿命分析的阶段

20 世纪初至 60 年代，可靠性理论的发展与应用使人们能够利用对材料寿命的分析与估计，以及对设备材料性能的部分检测，来完成故障诊断任务。

3．基于传感器与计算机技术的阶段

20 世纪 60 年代中期，传感器技术的发展使得各种诊断系统与数据的测量变得容易，加上计算机的使用，解决了人们在数据处理上的低效率问题与困难。

4．智能型阶段

人工智能技术的发展，特别是专家系统在故障诊断领域中的应用，使原来以数值计算与信号处理为核心的诊断过程，被以知识处理和知识推理为核心的诊断过程所代替。智能型诊断成为当前故障诊断技术发展的新方向，也开始应用于风力发电系统。

故障诊断技术的发展历经 30 余年，但形成综合性新学科"故障诊断学"，是近几年的事。概括而言，故障诊断方法可以分成三大类：①基于数学模型的故障诊断方法；②基于信号检测与处理的故障诊断方法；③基于人工智能的故障诊断方法。

9.2　故障容错的基本理论

通常的冗余技术主要有两种：储备冗余和工作冗余。在电机驱动系统中，通常将储备冗余简称为冗余，而将工作冗余称为容错。容错是指系统在其中某个元件出现故障后还能继续运行的能力，但运行的质量可能下降。因此，在故障容错系统中，系统中某个元件的故障并不会引起整个系统的故障。

为了使系统具有高可靠性，需要注意以下几个方面。

（1）故障预防和故障排除：避免使用可靠性低的元件和技术；在系统建成后、正常运行之前进行严格的测试，以便发现制造缺陷并及早排除故障。

（2）故障预测和故障避免：在系统正常运行期间，通过诊断可以预测故障的存在。若检测到某些元件的功能异常，则应在系统出现故障前的正常维护期间更换这些元件；也可以改变系统运行状态，减轻这些元件的负荷，推迟其出现故障的时间。

（3）故障容错：具有故障容错的系统，当出现某个故障后，能继续运行。这对于那些在很短时间内和瞬时发生的故障来讲是特别重要的，如许多电力电子故障。

（4）故障修理和故障维护：当某个元件出现故障时，重要的是能够进行修理，而不是将整个系统废弃。这意味着要设计维护性良好的系统。

为了使系统具有故障容错能力，需要注意以下几个方面。

（1）分区和冗余：当某部分出现故障时，其他部分应能继续运行。

（2）故障检测和诊断：当故障出现时，系统要能快速检测到，以便采取适当措施使系统继续运行。故障检测和诊断是实现容错的前提。

（3）控制策略调整：检测到某个故障后，应能调整系统的控制策略，使系统继续运行。

（4）故障隔离和抑制：出现故障后为确保系统能够继续运行，必须对故障进行隔离和抑制故障扩大，尽量降低故障对系统中其他元件的影响。

（5）故障报告：当检测到故障后应能及时报告，以便在合适的时候替换故障元件。

具有高可靠性的故障容错系统有很大的吸引力，但是会增加系统额外的投入，因此要根据系统应用的需要来确定。

9.3　风力发电机组常见故障

瑞典在2000—2004年对风电场的故障情况进行过统计，其中电气故障占17.5%，传感器故障占14.1%，控制系统故障占12.9%，发电机故障占5.5%。可以看出这些和电气控制相关的故障占了故障总量的一半，其他如齿轮箱故障、桨距角控制系统故障和偏航系统故障等占了另一半。

并网型风力发电机组的故障来源主要有两个：电网故障和机组本身故障。机组本身故障主要包括叶片故障、轴承故障、齿轮箱故障（对于双馈风力发电系统）、发电机故障和变换器故障等。此外，还有机舱罩松动或松动后碰到转动件、制动器松动、联轴器损坏、用于变桨距角调速的液压油缸脱落、调速器卡滞在某个位置上、发电机转子和定子接触摩擦、制动片回位弹簧失效致使制动片处在半制动状态等。这些故障会使风轮机组转动时发出异常声响，或风速已达额定风速以上，但发电机输出电压不能达到额定电压。

9.3.1　风力发电机组叶片故障

风轮机叶片故障可分为裂纹、凹痕和破损等，叶片的振动形式主要包括摆振、挥舞振动、扭转振动和复合振动，叶片的故障信息通常依靠现场监测的振动信号传递。在风力发电机组故障中，突变信号和非平稳信号往往会伴随叶片故障存在。从理论上讲，当叶片出现裂纹时，振动信号中会伴随有较强的高频冲击波，且可能出现在任意频段内。叶片作为风力发电机组的主要部件之一，其故障监测十分必要，一旦出现故障，若不及时处理，叶片就会很快断裂，轻则造成停机，重则烧坏机组，影响正常供电，造成不可挽回的损失。

例如，2020 年 9 月 10 日左右，某公司生产的 V150-4.2MW 风力发电机组在美国俄亥俄州 Timber Road Ⅳ 风电场发生一起叶片破裂事故。同年 10 月 5 日，又有一个叶片从风力发电机组的轮毂上脱落并坠地，使得澳大利亚开发商停运了现场的所有 80 台风力发电机组，并对损坏情况进行调查和评估。图 9.1 所示为现场风轮机叶片损坏坠落的情景。

河南某风电场 3 号、8 号、12 号 3 台风轮机于 2020 年 5 月 4 日 8 时至 10 时，分别出现一支桨叶折断。断裂处在最大弦长处，其他两支正常。事故发生时平均风速为 13.4m/s，最大风速为 25.89m/s。据专业人士分析，设备存在质量问题，在叶片合模过程中腹板粘接出现空泡、缺胶、少加强筋等工艺质量缺陷，长期运行造成腹板支撑失效、叶片开裂变形，导致叶片结构强度不够。这个事件暴露了一些问题，例如：

（1）对风轮机运行管理工作不到位，对风轮机的运行监视不仔细，对风轮机偏离功率曲线的异常情况没有及时发现并认真分析。

（2）现场人员技术水平欠缺，未能及时发现并处理设备潜在隐患。

（3）技术监控网络人员对叶片的设计、材质、制造工艺、质量等情况掌握不全面。

（4）叶片监造出厂及安装验收管理不到位，对叶片生产工艺监造、验收等环节失控。

9.3.2　风力发电机组轴承故障

风力发电机上用的轴承较多，有主轴轴承、变速箱轴承、偏航轴承和变桨轴承（一台兆瓦级以上的风力发电机需要三套变桨轴承）和发电机轴承，因此轴承故障占了机械故障的很大一部分。主轴连接轮毂和齿轮箱，主轴轴承承受的负载很大。偏航轴承安装在塔架与座舱的连接部位，变桨轴承安装在每个叶片的根部与轮毂连接的部位，偏航和变桨轴承都是不完全旋转轴承。如果轴承套圈疲劳强度不满足要求或螺栓孔内部有锈蚀坑，在较大循环应力作用下，套圈就容易疲劳而断裂。图 9.2 所示为某变桨轴承的外围出现的撕裂现象。

图 9.1　风轮机叶片损坏坠落

图 9.2　变桨轴承外围撕裂

　　轴承是旋转机械的关键部件，也是风力发电机组机械传动系统的核心部件。机械传动系统的非轴承部件，如齿轮箱、桨叶等的故障，也多由轴承故障引起，或可在轴承的运行状态中得到反映。因此，对轴承的运行状态进行实时监测，对于整个机械传动系统的故障诊断和运行维护具有重要的意义。

9.3.3　风力发电机故障

　　在风电场运行工况恶劣、发电机长期运行于变工况状态下或电磁环境中时，风力发电机的故障率显著地高于其他场合中发电机的故障。绕组故障是发电机故障的主要部分。发电机通常有两套绕组：定子绕组和转子绕组，或电枢绕组和励磁绕组，因此发电机本体的主要电气故障就表现为这两套绕组的短路或断路故障。直驱风力发电机的励磁磁场由永磁体提供，只存在电枢绕组，而无励磁绕组，因此在同等条件下发生绕组故障的可能性相对要小，但永磁发电机存在永磁体高温退磁故障的可能。双馈发电机存在电刷与集电环接触不良的可能性。常见的发电机故障有转子、定子线圈开路，绕组相间短路，绕组出线端短路，绕组匝间短路，绕组接地短路，绝缘损坏，永磁体退磁，电刷烧坏，继而引起发电机振动过大、发电机过热、轴承过热等现象，甚至会引发火灾。

　　例如，某公司出现了大批量双馈风力发电机（绕组、轴承）损坏的情况，如图 9.3 所示。图 9.4 所示为某批量直驱风力发电机的永磁体损坏的情况。

图 9.3　双馈风力发电机绕组损坏

图 9.4　直驱风力发电机永磁体损坏

9.3.4　风力发电系统变换器故障

电力电子元器件的可靠性与控制系统的可靠性接近，变换器的可靠性明显低于发电机的可靠性。变换器故障种类很多，主要有变换器误动作、与预期效果误差大、过电压、过电流、欠电压、过热等。变换器过电压主要是指其中间直流回路过电压，这将对中间直流回路滤波电容器寿命带来影响。过电流故障是由于变换器负载发生突变、负载分配不均、输出短路等原因引起的，由于逆变器件的过载能力较差，所以变换器的过电流故障诊断尤其重要。输入电源缺相、整流回路故障会导致欠电压故障。

2021 年 3 月 14 日 13 时 7 分，内蒙古能源投资集团公主岭风电场因变换器损毁，导致 26 号风轮机机舱烧损，如图 9.5 所示。公主岭风电场装机规模为 4.95 万千瓦，共安装有 33 台单机容量为 1500 千瓦的风力发电机组。该风电场 2009 年 11 月 23 日正式投入运行，由于运行时间较长，机组故障率较高。

图 9.5　因变换器故障引起的风轮机机舱烧损

9.3.5　风力发电系统齿轮箱故障

据统计，齿轮箱故障约占风力发电机的故障总数的 40%。双馈风力发电机组的核心部件——齿轮箱的损坏所带来的维修费用、运输费用、吊装费用及维修期间电量的损失费用都是巨大的。

例如，甘肃瓜州某项目 2010 年年底投入运行 200 台 1.5MW（77m 叶轮直径）增速型风轮机，在 2016 年 7 月至 2017 年 8 月期间，齿轮箱更换 17 台，发电机更换 15 台，在质保期内，齿轮箱已经全部更换了。与双馈风力发电机组相比，直驱风力发电机组因取消了容易出故障的齿轮箱和集电环，提高了系统的可靠性。

9.3.6　其他故障

从对风力发电机组的影响来分电网故障有两种：一种为电网三相短路造成的电网电压对称跌落或相位突变；另一种是由于单相短路、两相短路或其他原因造成的三相电压不平衡。相位突变对风力发电机组的影响与电网电压跌落的影响类似，其中三相短路造成的电网电压跌落对电网及风力发电机组的影响最大。

　　另外，倒塔事件也会发生。倒塔事件一般有两类情况：第一类，风轮机在运行时因为控制系统失效导致叶轮飞车或叶片折断对塔筒造成二次伤害导致倒塔；第二类，在安装、维护过程中，操作人员严重违规操作，导致风轮处于开桨位置而正好遇到持续大风，导致叶轮飞车造成倒塔。

　　进一步的研究表明，电气和控制系统的故障相比机械传动系统故障更容易排除，停机时间更短，也不需要吊车等辅助工具。因此，从机组故障引发的停机时间、维护费用和是否容易造成继发故障等角度分析，与电气和控制系统相比，机械传动系统的状态监测与预警维护更为重要。

9.4　风力发电机组故障诊断技术

　　由于风电场的工况非常恶劣，许多风力发电机组会出现不同形式的故障。在这些故障中，许多是可以通过状态监测和故障诊断技术来避免或减少的。目前，变速风力发电机组的故障监测与诊断的方法有两种：一是基于硬件的故障监测与诊断，用专用的监控传感器监测硬件状态，这种方法直接可靠，但会使发电机组的硬件设备变得更加复杂，增加了系统成本；二是基于软件的故障监测与诊断，利用观测器检测风力发电机组是否处于故障状态，它是通过比较状态估算值和实际测量值来实现故障检测与诊断的，不需要增加系统的硬件设备，在成本方面具有优势。

　　目前，风力发电机组故障诊断技术主要有三类，分别是基于振动信号、基于电气信号和基于模式识别法的故障诊断技术。基于振动信号的故障诊断技术是针对风力发电机组中的叶片、齿轮箱和轴承等关键部件的监测与诊断，这类方法在我国已经非常成熟。例如，针对齿轮箱的故障诊断是利用小波神经网络方法来进行的，根据分析连续的小波变化总结出齿轮箱的故障特征；针对叶片故障的诊断是通过分析对压电陶瓷传感器监测到的振动信息来实现的。基于电气信号的故障诊断技术需要运用先进的技术，结合发电机、转子动力学等模型，找出测量到的电气信号和故障之间的实际关系，并将实际情况进行仿真，总结出风力发电机组的故障。这种方法不需要额外的传感器，经济性好，应用前景较好，但诊断结果依赖于模型的精确度。基于模式识别法的故障诊断技术需要分析风力发电机组的多元化信息，在时域、频域或时频域上构建一组多维模型，进行特征的融合、降维和分类，再进行可视化分析，得出故障特征。

　　基于系统的复杂性，变速风力发电机精确数学模型难以建立，目前常用的数学模型为线性化模型基础上增加未知非线性函数，该函数用于弥补线性化带来的建模偏差。基于专家系统的诊断方法是一种非常智能的方法，依赖于经验及专家知识，可以进行学习，但是这种方法相当复杂，实现应用比较困难。基于模糊推理的方法更接近人的思维方式，但依赖知识库，学习能力差。基于神经网络和模式识别的方法适用于非线性系统，能够实现故障函数的估计，并已初步应用到发电机的故障诊断中。不过，神经网络自身的特点导致神经网络故障观测器容易陷入局部最优，且速度相对较慢。

9.5   提高风力发电系统故障容错能力的措施

目前，针对风力发电机组电气部分（主要是发电机和变换器）的容错控制，国外学者提出了五种主要措施：①采用多相发电机；②采用具有容错能力的变换器拓扑结构；③采用具有冗余开关器件的变换器；④采用开关磁阻发电机；⑤设计具有特殊结构的容错永磁发电机和变换器。

9.5.1   采用多相发电机

永磁同步发电机绕组大多设计有两套三相绕组，即双 Y 形绕组，这比传统三相发电机具有更高的效率和母线电压利用率，转矩脉动的幅值较小，而且可以通过选择更靠近期望轨迹的矢量得到尽可能低频的谐波。

更重要的是，三相发电机具有更高的容错性，当系统失去一个或几个桥臂时，可利用其相冗余的特点，在供电不平衡的情况下，通过采用电流预测控制和电流滞环控制等抗扰容错控制策略对剩余相的电流幅值和相位进行调整，以维持发电机磁势不变，从而保持系统的性能不变，提高了系统的可靠性。

9.5.2   采用具有容错能力的变换器拓扑结构

针对变换器的故障容错技术，有专家提出了一种可提高缺相容错能力的变换器拓扑结构，可采用具有最少开关数量的容错逆变器替代常规六开关逆变器，以便获得系统在故障时连续运行的能力，如图 9-6 所示。

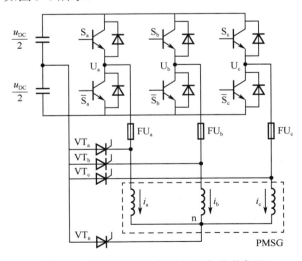

图 9.6   永磁同步发电机系统的容错逆变器

此种容错逆变器在常规电压型三相六开关逆变器的基础上，增加了 4 个双向晶闸管

（VT_a、VT_b、VT_c、VT_n）、3 个快速熔断器（FU_a、FU_b、FU_c）和 1 个与常规系统中母线电容值相同的电容。

容错逆变器可对变换器一相的故障及发电机的一相的故障进行容错处理。三相变换器在一相断路后，其他两相通过发电机的中性点和直流回路的中性点构成的中线形成独立回路，通过改变控制方式可使剩余两相合成旋转的定子磁势。

该结构的优点是，在没有过多增加开关器件及控制电路的情况下，具有常规三相六开关逆变器的全部功能，并在逆变器某相发生故障后重构为三相四开关拓扑结构，在发电机某相绕组故障时切换为两相四开关结构。

该结构的缺点是，必须人为地提供一条中线，且中线上有较大的电流流过，直流侧的两个串联电容的瞬时电压不平衡，需要考虑动态电压均衡问题。

9.5.3　采用具有冗余开关器件的变换器

高可靠性的电路拓扑结构除采用前述提高缺相容错能力的方法来实现外，还可以通过并联冗余相的方法来实现，即开关器件采用 $N+1$ 方式，当变换器的某个器件损坏时，可切除损坏的器件，将备用器件接入回路，从而实现持续运行。

但由于并联冗余相增加了备用相的驱动电路，使整个系统的成本相对较高，造成了一定程度的浪费和累赘。

9.5.4　采用开关磁阻发电机

开关磁阻发电机（SRG）系统由双凸极磁阻电机、功率变换器、位置检测器和控制器组成。其独有的电磁和结构上的特点，使得该系统特别适合于高速、高温等环境恶劣的场合，同时具有过载能力强、相间耦合弱、缺相运行适应能力强、可靠性高、容错性好等优点。

该系统的缺点是 SRG 的功率密度和效率都不如 PMSG 高，且由于发电机磁路具有非线性，发电机容易产生振动和噪声，但风力发电机组本身的噪声较大，所以这个缺点可以忽略。另外，系统的性能比永磁发电机系统的差，而且对电力电子变换装置的性能要求较高，系统控制较复杂。因此，SRG 一般应用于输出功率小于 30kW 的小型风力发电系统，可以作为微网中的分布式发电电源。

9.5.5　设计特殊结构的容错永磁同步发电机

轴向磁场（AF）发电机比传统径向磁场发电机在转矩和功率密度方面有较大的优势。此外，它还有以下优点：结构紧凑；转动惯量小；定子绕组散热条件良好；可以做成多定子、多转子的多模块结构，增加系统的输出功率；各个定子模块之间可以互相隔离，每个模块连接到公共直流母线的一个变换器上，若一个模块出现故障，可将它与系统隔离开来，发电机还能继续运行，直到故障得到修复，但故障期间发电机输出功率减少；采用多个定子与多个变换器并联运行，如图 9.7 所示，提高了系统的容错能力。

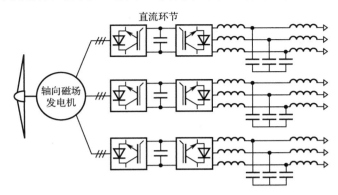

图 9.7 多个定子模块的永磁风力发电机系统

9.6 本章小结

本章首先介绍了故障诊断的基本概念和故障容错的基本理论，然后分析了风力发电机组中的常见故障和故障诊断方法，最后提出了提高风力发电系统故障容错能力的措施。

参考文献

[1] 黄守道，高剑，罗德荣. 直驱永磁风力发电机设计及并网控制[M]. 北京：电子工业出版社，2014.

[2] 邓秋玲，姚建刚，黄守道，等. 直驱永磁风力发电机组可靠性技术研究综述[J]. 电网技术，2010，35(9):144-151.

[3] 邓秋玲，黄守道，肖磊. 电网故障下直驱风电系统网侧变换器控制[J]. 中国电力，2010，44(8):62-67.

[4] 邓秋玲，黄守道. 双定子轴向磁场永磁同步风力发电机的设计[J]. 湖南大学学报：自科版，2012，39(2):54-59.

[5] 邓秋玲，黄守道，等. 直驱风电系统新型控制策略研究[J]. 电工技术学报，2012，27(7):227-234。

[6] 邓秋玲，彭晓. 电网故障下直驱风电系统网侧变换器电网同步化研究[J]. 高电压技术，2012，38(6):1473-1479.

[7] 邓秋玲，黄守道，肖锋. 使用永磁同步发电机和 boost 斩波电路的风力发电系统[J]. 湘潭大学自然科学学报，2009，31(2):119-122.

[8] 邓秋玲，谢秋月，黄守道. 直驱永磁同步风力发电机系统的研究[J]. 微电机，2008，41(6):53-56.

[9] 邓秋玲，黄守道. 永磁同步风力发电系统输出功率最佳控制[J]. 微特电机，2009(7):49-51，55.

[10] Deng Q L，Huang S D，Xiao F.Research on grid synchronization of grid-side converter in direct drive wind power generation system[C]. International conference on electrical machine and system，2011:1-5.

[11] 邓秋玲，黄守道，肖锋. 变速直驱永磁同步发电机风力发电系统的控制[J]. 微电机，2008，41(6):53-56.

[12] Morimoto S G，Kato H J，Sanada M Y，et al. Output maximization control for wind generation system with interior permanent magnet synchronous generator[C]. Industry Applications Conference，41st IAS Annual Meeting，2006:503-509.

[13] 龚锦霞，解大，张延迟，等. 三相数字锁相环的原理及性能[J]. 电工技术学报，2009，24(10):94-99，121.

[14] 邓秋玲，肖意南，等. 直驱轮式轴向磁场永磁风力发电机的研究[J]. 湖南工程学院学报，2018，28(2):1-5.

[15] 邓秋玲. 轴向磁场永磁无刷电机及其应用[J]. 湖南工程学院学报,2016,26(2):1-5.

[16] 刘婷,黄守道,邓秋玲,等. 双馈风力发电机无速度传感器控制研究[J]. 控制工程,2013,20（5）:844-848.

[17] Hansen A D,Lov F,Sorensen P,et al. Dynamic wind turbine models in power system simulation tool DIgSILENT[R]. Roskidle Denmark:2007.

[18] 佘峰. 永磁直驱式风力发电系统中最大功率控制的仿真研究[D]. 长沙:湖南大学,2009.

[19] 贺益康,周鹏. 变速恒频双馈异步风力发电系统低电压穿越技术综述[J]. 电工技术学报,2009,24(9):140-146.

[20] 肖磊. 直驱型永磁风力发电系统低电压穿越技术研究[D]. 长沙:湖南大学,2009.

[21] 李建林. 风力发电系统低电压运行技术[M]. 北京:机械工业出版社,2008:128-129.

[22] 高本锋,赵成勇,肖湘宁,等. 高压直流输电系统附加次同步振荡阻尼控制器的设计与实现[J]. 高电压技术,2010,36(2):501-506.

[23] 陈顺. 直驱风力发电网侧变换器的同步方法与控制策略研究[D]. 长沙:湖南大学,2010.

[24] 霍志红,郑源,左潞,等. 风力发电机组控制技术[M]. 北京:中国水利水电出版社,2010.

[25] 陈顺. 直驱风力发电网侧变换器的同步方法与控制策略研究[D]. 长沙:湖南大学,2010.

[26] 孙延昭. 永磁直驱风电变流系统控制策略研究[D]. 长沙:湖南大学,2009.

[27] 陈自强. 永磁直驱式风电变换器控制策略的对比研究[D]. 长沙:湖南大学,2011.

[28] 叶盛. 双馈风力发电机低电压穿越控制策略研究[D]. 长沙:湖南大学,2011.

[29] 邓秋玲. 电网故障下直驱永磁同步风电系统的持续运行与变流控制[D]. 长沙:湖南大学,2012.